学术前沿研究

辽宁省教育厅高校科技专著出版基金资助

U0675146

粳稻品质形成基础

吕文彦◎主　编

北京师范大学出版集团

BEIJING NORMAL UNIVERSITY PUBLISHING GROUP

北京师范大学出版社

图书在版编目(CIP) 数据

粳稻品质形成基础/吕文彦主编.—北京: 北京师范大学
出版社，2011.6
（学术前沿研究）
ISBN 978-7-303-12256-1

Ⅰ．①粳… Ⅱ．①吕… Ⅲ．①粳稻－粮食品质－形
成－研究 Ⅳ．① S511.2

中国版本图书馆 CIP 数据核字(2011)第 049822 号

营 销 中 心 电 话	010-58802181 58808006	
北师大出版社高等教育分社网	http://gaojiao.bnup.com.cn	
电 子 信 箱	beishida168@126.com	

出版发行: 北京师范大学出版社 www.bnup.com.cn
　　　　　北京新街口外大街 19 号
　　　　　邮政编码：100875
印　　　刷: 北京京师印务有限公司
经　　　销: 全国新华书店
开　　　本: 155 mm × 235 mm
印　　　张: 14.5
字　　　数: 239 千字
版　　　次: 2011 年 6 月第 1 版
印　　　次: 2011 年 6 月第 1 次印刷
定　　　价: 29.00 元

策划编辑：姚斯研　　　责任编辑：姚斯研
美术编辑：毛　佳　　　装帧设计：天之赋设计室
责任校对：李　菡　　　责任印制：李　啸

主要编纂人员

主　编　吕文彦
副主编　邵国军
编著者（按姓氏笔划排序）

马莲菊　邓喜龙　冯章丽　吕文彦
刘　琳　刘　威　刘　涛　孙振东
李兴涛　杨宏楠　张　城　张　鉴
邵国军　武　翠　呼　楠　金　芳
高　燕　曹　萍　常海龙　崔鑫福
程海涛

前　言

　　我自 1992 年攻读硕士研究生以来，就一直围绕稻米品质进行基础研究。不仅相继完成了硕士、博士论文，并以此为主要内容持续指导多名硕士研究生，协助指导两名博士研究生，为本科生开设了稻米品质专题的有关课程。2004 年公派到日本留学一年，其间接触了日本大量相关的研究资料，还在日本农林省谷类特性研究室使用较多先进的仪器，专门进行了两个月的稻米品质研究。本书的图表有很大一部分是在这一期间收集、充实的。十几年的研究、考察和教学略有积累，着意对相关资料进行挖掘整理，总结成书，以飨读者。

　　该书编译结合，即是我们课题组十几年有关研究结果的总结，也介绍了国内外关联研究进展。全部编著者，围绕自己的研究题目完成章节内容，力求反映相应部分的最新进展。全书主体内容分为稻米品质形成概述、稻米品质形成的发育与遗传学基础和稻米品质形成的生理与生物化学基础 3 篇计 9 章的内容，其中第一部分有关日本稻米品质研究的内容，早在 20 世纪 80 年代，徐庆国先生就曾在《国外农学——水稻》上撰文介绍，上海科技出版社也出版了蒋澎炎先生翻译的星川清亲《解剖图说 水稻的生长》，这些内容是经典之作，加之现代科学和印刷技术的发展，日本農文協 1995 年出版的《農業技術大系　作物編》和 2002 年社团法人日本精米工业会和株式会社 kett 科学研究所共著的《rice meseum ライスミュージアム お米の品質評価テキスト》第三版中又刊载了相关内容的大量精美图片，这些进展，国内研究者了解并不全面，所以，本书结合这些进展又将之包含进来。本书正文最后一节是课题组对稻米品质改良的一点拙见。近几年，我国陆续发布了一些新版本的稻谷、大米及稻米品质测定等方面的相关国家标准，为了便于读者查阅，作为本书的附录，一并加以收录。

该书主要特点体现在：第一，通俗性与理论性相结合。本书内容既包含了适合一般生产者了解稻米品质内涵、标准、进行简单品质试验的方法介绍，又以较大篇幅介绍了国内外稻米品质领域的关联研究进展，可以为研究者提供参考。第二，涉及领域较为广泛。本书从稻米品质的基本概念入手，内容涉及稻米品质形态学、遗传、生理生化等多个领域。第三，以粳稻为主，兼顾全面。本书虽名《粳稻品质形成基础》，但一些遗传、生理内容，如两段灌浆特点、特种稻米的成分等，籼粳亚种并无区别，所以，有些大量借鉴了籼稻的研究结果，这使得本书更加丰富和全面。

值本书完成之际，感谢引我进入稻米品质研究领域、并持续指导我的研究的恩师曹炳晨教授。曹老师听说我要写一册书后，对我多加鼓励，并对书稿的内容、句读提出了建议。感谢我留学日本时的指导老师——东京大学作物生产学科作物学研究室的大杉立教授，他不但为我在东京大学的研究提供了非常便利的条件，而且安排我到农林水产省食品综合研究所谷类特性研究室工作两个月，并在我撰写书稿期间，帮助我进行有关资料的收集。感谢中国工程院院士陈温福教授，陈院士百忙之中阅读了本书初稿，对书稿的编撰体系、内容格式等提出了很多建设性的建议。

该书的系列研究，先后得到辽宁省自然科学基金、辽宁省教育厅科研基金和国家自然科学基金的支持。

本书编辑时间仓促，一些结论未及仔细推敲，可能有失偏颇。参考、收录其他学者的研究结果并不充分，我们虽尽最大努力注明了大部分参考文献的出处，但是一些参考文献是多年积累的结果，可能只有文献作者而没能查到文献出处，或者只有文献内容，而无法准确标明文献出处。我们在对有关文献信息及作者表示由衷感谢的同时，也深表歉意。

全体编著人员尚缺经验，文笔水平也不高，言不达意甚至谬误之处在所难免，以上诸多不足，恳请读者多加以斧正，以便再版时一并充实提高。

吕文彦
2011 年元月

目　录

第1篇　稻米品质形成概述

第2篇　稻米品质形成的发育与遗传学基础

第3篇　稻米品质形成的生理与生物化学基础

第1篇　稻米品质形成概述

第 1 章
稻米品质的范畴及测定方法

1.1 水稻颖果的组织结构和化学成分

1.1.1 水稻颖果的组织构造

从植物学上讲，水稻的果实是颖果，由谷壳和糙米两部分组成（图 1.1-1）。谷壳包括内颖、外颖和护颖。部分品种外颖颖尖延伸为芒。谷壳色泽主要有秆黄、黄、橙黄、褐斑秆黄、褐、赤褐、紫褐、紫黑、银灰褐等，是区别品种的重要特征之一。

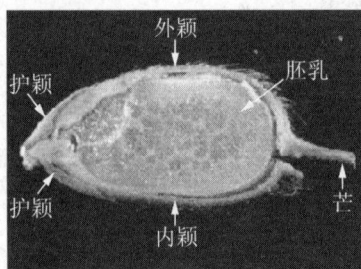

图 1.1-1 水稻颖果构成
（参农业技术大系，1995）

颖果去掉谷壳后的剩余部分称为糙米，也就是植物学上的种子。粳型糙米一般呈阔卵形（图 1.1-2）。糙米由于直链淀粉含量的多少或胚乳中垩白的有无而表现出不同特征，如日本酿造用酒米的糙米（图 1.1-3 左）比常见糙米（图 1.1-3 右）有较大心白，干燥后的糯米呈乳白色不透明的状态(图 1.1-3 中)等。从断面结构看，糙米由果皮、种皮、糊粉层、胚乳和胚组成(图 1.1-4、图 1.1-5)，最外层为果皮，含有数层细胞，厚约 10 μm。果皮在米粒发育初期含有叶绿素，成熟时叶绿素消失。种皮在果皮内侧，为一层结构紧密、角质化的细胞。一些品种的果皮和种皮细胞内含大量花青色素(红色素、黑色素等)，其积累的多聚寡糖使糙米呈现不同的颜色，如红米、褐米、紫米、黑米等，但迄今未发现胚乳细胞含有色

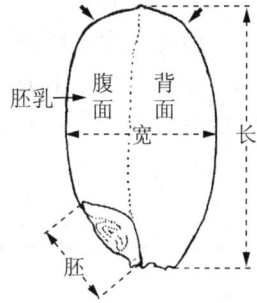

图 1.1-2　成熟糙米的纵断面
(星川，1975)

图 1.1-3　不同糙米的外在形态
由左至右分别是酒米、糯米、普通糙米
(参《农业技术大系》，1995)

素的品种。种皮内侧为结构较疏松的珠心细胞层，其下是由数层细胞构成的糊粉层。糊粉层层数和厚薄因品种类型和着生部位而不同，粗大或短粒品种较厚，细长粒较薄；籽粒背部较厚，腹部或靠近胚部较薄。果

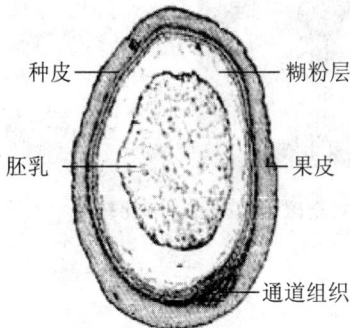

图 1.1-4　整粒糙米的横断面

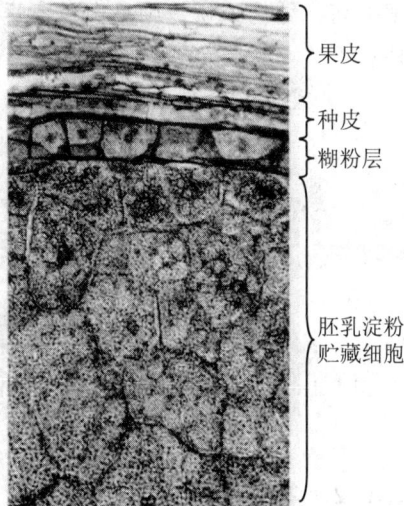

图 1.1-5　糙米的横断面
(自粒中至边缘)

皮、种皮和糊粉层合称为糠层，包围着胚和胚乳。种胚位于米粒腹面基部。胚乳是由众多薄壁细胞构成。胚乳细胞群呈规则的放射状排列，细胞的形状与数量因位置而不同，一般长轴方向长而多，短轴方向短而少。如上所述的各组分厚度及质量百分数总结如表 1.1-1 所示。

表 1.1-1 稻谷籽粒各组成部分的厚度和质量百分数

生物学结构	厚度（μm）	质量（干重％）
谷壳	24～30	16～20
果皮	7～10	1.2～1.5
种皮	3～4	
糊粉层	11～29	4～6
胚		2.0～3.5
胚乳		66～72

（参《稻米深加工》，2004）

一般食用精米是由糙米碾磨掉周围 10％的重量而成，称为完全碾精。完全碾精时，糠层的果皮、种皮、糊粉层以及胚被碾去，精米呈半透明（图 1.1-6 右）。根据稻谷各部分组成百分比（表 1.1-1）可以计算，完全碾精时一般精米比率占干重的 70％左右。若碾精程度不够，如分别去掉糙米的 5％、7％即五分碾精和七分碾精（图 1.1-6），则会在米粒表面残存糠层。若米粒腹部、中心或边侧部位在发育期间淀粉粒等物质充实度不高，结构疏松，则呈白色不透明状，谓之垩白。凡垩白大的籽粒，外观不佳，米质疏松，加工时易碎裂。剔除破碎粒的精米称为整精米。

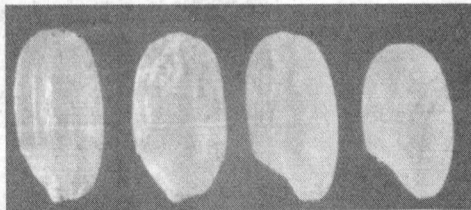

图 1.1-6 糙米与五分碾精、七分碾精、完全碾精精米的外观比较
（日本精米工业会等，2002）

1.1.2 糙米的化学成分

普通糙米的化学成分构成与含量因品种、栽培条件等原因而存在不

同，精米中化学物质含量又与碾精程度存在密切关系。无论稻谷还是精米，碳水化合物都是最主要的组成成分。精白米碳水化合物占干重的比例在 90％左右，然后依次是蛋白质、脂质、灰分，无机物和维生素的含量均较少（见表 1.1-2）。

表 1.1-2　100g 不同状态稻产品可食用部分的化学成分

食品名				糙米	五分碾精	七分碾精	精白米	胚芽精米
废弃率				0	0	0	0	0
能量			kJ	1 469	1 477	1 490	1 490	1 481
水分				15.5	15.5	15.5	15.5	15.5
蛋白质				7.4	7.1	6.9	6.8	7
脂质			g	3	2	1.7	1.3	2
灰分				1.3	0.9	0.8	0.6	0.7
碳水化合物	糖质			71.8	73.9	74.7	75.5	74.4
	纤维			1	0.6	0.4	0.3	0.4
维生素	A	视黄醇	μg	0	0	0	0	0
		胡萝卜素		0	0	0	0	0
		A 效价	UI	0	0	0	0	0
	B_1		mg	0.54	0.39	0.32	0.12	0.3
	B_2			0.06	0.05	0.04	0.03	0.05
	烟酸			4.5	3.5	2.4	1.4	2.2
	C			0	0	0	0	0
无机质	钠		mg	2	2	2	2	1
	钾			250	170	140	110	140
	钙			10	8	7	6	7
	磷			300	220	190	140	160
	铁			1.1	0.8	0.7	0.5	0.5

（参《米の科学》，1995）

　　分析表 1.1-2，可以得出：①糙米的营养一般要优于精白米，但含有较多、较粗糙的纤维素类多糖；②稻米中含有较多的热量、蛋白质、糖质、烟酸及钾、磷，但维生素 A、C、D、视黄醇、钙、铁较缺乏，粗纤维亦较缺乏。

即使同一种成分，其含量也因品种、栽培条件、气象因素等而存在差异。平宏和等(1979)在糙米碾精率为 $92\% \pm 0.5\%$ 的条件下，测定了日本宫城县 3 个品种、9 个点次糙米与精米除淀粉外的化学成分含量，平均值如表 1.1-3 所示，该值能大体反映粳米主要化学成分的稳定含量。

表 1.1-3　糙米与精米的化学成分组成

	蛋白质	粗脂肪	结合脂肪	全脂肪	灰分	磷	钾	镁
	g/100 g，干重					mg/100 g，干重		
糙米	7.95	2.75	1.06	3.81	1.47	343	269	135
精米	7.26	0.96	0.94	1.91	0.72	178	121.3	63.3

平宏和等，1979。

一些具有特异性状或特殊用途的水稻品种，如香稻、色稻，其糙米具有一些特殊的化学成分。香稻的茎、叶、花和籽粒中均有香味，研究表明，香米含有 114 种挥发性化合物。与普通大米中包含的挥发性物质比较，香米中的 4-乙烯基苯酚、己醇和己醛含量较高，而吲哚含量较低。众多研究表明 2-乙酰-1-吡咯啉是其散发香味的主要物质(赵则胜，1995)。糙米的颜色主要是由花色素苷产生的，其成分主要是花色素，可以分为 3 类：第一类是天竺葵素，呈现红色；第二类是花青素类，呈现西洋红色；第三类为翠雀素类，颜色为蓝和紫。三类花色素的差别在于侧酚环中羟基数目，随着羟基数目的增加，颜色由红向蓝变化，因而糙米也有黑、红等颜色。

1.1.3　糙米中淀粉、蛋白质、脂质的存在状态

成熟细胞内含有大量淀粉体，淀粉体内部包含若干个淀粉粒，单个淀粉粒的大小大约 1/300～1/200 mm，多数淀粉体包含数个到数十个单淀粉粒，在胚乳表层部一般是较小的淀粉体，但在胚乳内部也能看到包含 100 个以上单个淀粉粒的淀粉体。淀粉体一般呈具角的多面体形状，但因在胚乳中的位置不同而稍有些区别。淀粉体的形状、淀粉粒的大小因品种、栽培等因素而稍有不同。这些差异并不能作为食味差异的指标，但是在精白米表层分布较多易糊化的小淀粉体，这对于形成粒形良好的饭粒有重要意义。

淀粉的基本构成单位是 D-葡萄糖，其中直链淀粉是由 D-葡萄糖脱水得到的糖苷通过 α-D-1,4 糖苷键形成的线性长链，存在极少量的 β-

1,6 分枝；支链淀粉除了 α-D-1,4 葡聚糖苷键外，每 20～30 个脱水葡萄糖苷元就有一个 α-D-1,6 键形成分枝结构（吴殿星，2009）。据李兆丰（2004）研究，粳米（籼米）的直链淀粉平均聚合度（含有的葡萄糖苷数目）、每分子的平均链数、平均分子链长、β-淀粉酶水解率、含支链分子的比例分别为 1 100（1 000）、3.4（4.0）、320（250）、81（73）、31（49）。与籼米比较，粳米直链淀粉的每分子的平均链数、β-淀粉酶水解率、含支链分子的比例存在显著差异。直链淀粉含少量的分枝，一般每个分枝直链淀粉含 2.3～4.5 个分枝（吴殿星，2009）。根据精米中直链淀粉含量的多寡，水稻主要又可以分为粘（zhan）、软、糯三种不同性质的类型。糯米直链淀粉含量小于 2%，软米在 10% 左右，而粘米一般大于 15%。

精米胚乳中所含的蛋白质，根据是否被膜包被着而分为两种，没有膜包被着的蛋白质主要是功能蛋白质（核糖体和小胞体），在胚乳中均匀地分布着；而被膜包被着的蛋白质被称为蛋白颗粒，其直径约为 1/1 000～3/1 000 mm，是储藏物质。蛋白颗粒在胚乳内部分布不均匀，数量自米粒内部向表面逐渐增加，通常在精米表面含量最多，表层部分的 1～4 层胚乳细胞中大都存在蛋白颗粒。蛋白质一般存在于淀粉颗粒的外表面或填充在淀粉颗粒中，形成淀粉-蛋白质复合物。

蛋白颗粒的含有量亦因品种和栽培条件而有很大变化，一般认为蛋白质的高含量跟大米的低食味化有关。不过，其低食味化的原理还尚不明确。一般通过凯氏定氮方法测得的蛋白质是将功能蛋白质和蛋白颗粒一起分析的。因此，有必要进一步将蛋白颗粒和功能蛋白质分开，分别讨论它们和食味的关系。

大米粒中的脂质包括脂肪和类脂，大部分都是以被膜包着的脂质颗粒的形式存在，而这些脂质大部分都在糊粉层中。脂质又分为淀粉结合脂肪和非淀粉结合脂肪，其主要成分是脂肪酸。类脂成分主要是蜡和磷脂，在磨成精米的过程中被除去。但是，精米中也存在少量的脂质颗粒，这些脂质颗粒慢慢酸化，就会使米发出陈米的味道。

1.2　食用稻米品质评价内容及其影响因素

大米品质可以从安全性、营养性、经济价值、功能性等方面来评判。但作为主食来消费的食用稻米，国内外一般从以下几个方面进行评价。

1.2.1　加工品质(processing quality)

(1)评价内容

加工品质也称为碾米品质(milling quality)，包括①糙米率(brown rice %)，②精米率(milled rice %)和③完整精米率(head rice %)，依次指纯净稻谷出产糙米、精白米和完整精米的比率。按干重计算，不同品种稻谷的壳可占稻谷重的 16%～23%，糠层与碾白精度密切相关，一般种皮和果皮占稻谷重的 5%～6%，胚占稻谷重的 2%～3%。故糙米率和精米率一般分别在 77%～84% 和 67%～74%，两者均较稳定，品种间变异最大的是整米率。

因为水稻的最终消费品是大米，所以精米率，尤其是整精米率，在生产流通领域的经济意义较大。

(2)影响因素

长户(1973)认为，从水稻特性来看，糠层的厚薄、纵沟的深浅、胚的大小与脱落的难易、米粒的易碎性、糙米周缘部的硬度五个因素影响精米率。

①糠层的厚薄。糠层的厚度除与品种有关外，还与灌浆条件、充实程度及米粒着生位置等因素有关。糠层可以划分为糠外层和糠内层，前者包含果皮、种皮、外胚乳，后者就是指糊粉层。糠外层由于细胞内容物随着米粒的肥大成熟而消失，所以较薄，只有充实不良或未熟粒的糠外层较厚。糊粉层的细胞层数因位置而别，通常米粒腹面有 1 层、侧面有 1～2 层，背面有 2～4 层，并且高温灌浆时，背面的层数会增加 1～2层，每层的厚度也会相应增加。糠外层的厚度也是腹部薄，背部厚。糠内层不论是厚度还是质量都远大于糠外层，其厚度一般是糠外层的2.5～4 倍，而质量的差异更大。糠内层较糠外层稍硬，对碾精有一定的抵抗性。因此，糊粉层特性是影响精米率的主要因素。

②胚的大小与脱落的难易。稻谷或糙米碾精后，胚通常会脱落。所以胚对精米率的影响主要体现在胚的质量百分比上。从发育环节考虑，胚在灌浆初期就旺盛发育，至灌浆中期结束；而米粒的充实一直持续到灌浆结束。因此，如果灌浆期遇到高温，胚发育完好而胚乳发育不良，则胚的质量百分比相对提高。更重要的是，米粒淀粉外层细胞充实不良，切削易碎而造成精米率下降。

③纵沟的深浅。在糙米表面有 5 条纵沟：侧面各有两条，另一条在背面。5 条纵沟中，位于侧面、内外颖结合部位的两条沟最深，背部的沟也较深。各沟都是胚端深，顶端浅。纵沟的深浅既与品种有关，也与

籽粒形状、成熟程度有关。未熟米或充实不良米往往纵沟较深。纵沟较深碾精时容易在沟内残存糠层，从而影响精米外观。若加大碾精强度，在碾掉纵沟糠层的同时，也碾掉了一些凸出的软淀粉，导致精米率降低。

④米粒的易碎性。米粒的易碎性主要与糙米的刚度有关，但二者之间有怎样的数量关系并没有实验数据可资参考。经验性的外观判断方法为：只要不是胴割或高含水量的糙米，一般刚度较大不易碎；相反，厚度较薄的死米、乳白较大的乳白米、缢缩较大的胴切米等刚度小，容易形成碎米。

⑤米粒周缘部分淀粉细胞的硬度。理想的碾精是剥掉糠层，将胚乳全部留下来，这样精米率当然很高。但是，由于米粒的形状不规整、糙米表面存在纵沟、米粒的不同部分糠层厚度不同，所以在将最难碾精部位的糠层除掉时，凸起部分较软的淀粉细胞也被碾掉了，因此精米率也会随之下降。一般上等糙米碾精度达到 90% 时会碾掉 2%～3% 的胚乳细胞。米粒最迟充实的部位是胚端周缘部，所以，充实不良时，这部分较软，最易被削掉。

1.2.2　外观品质(appearance quality)

我国外观品质测定一般以精米为对象，较少涉及糙米，所以，我国的稻米外观是指精米外观。主要包括①粒形(shape)，通常以整米的长度/宽度表示，>3.0者称细长形(slender)，<2.0者称粗短形(bold)，2.0～3.0则称椭圆形或中长形。一般籼稻粒形偏长，粳稻粒形偏短。②垩白率(chalkiness %)，一般指整米的垩白面积(包括背白、腹白、心白等)占米粒纵剖面积的比率，但有时亦表示米粒中垩白米粒的比率。我国将两项乘积综合为垩白度。③透明度(translucency)，指整米在电光透视下的晶亮程度。米的垩白区是不透明的。

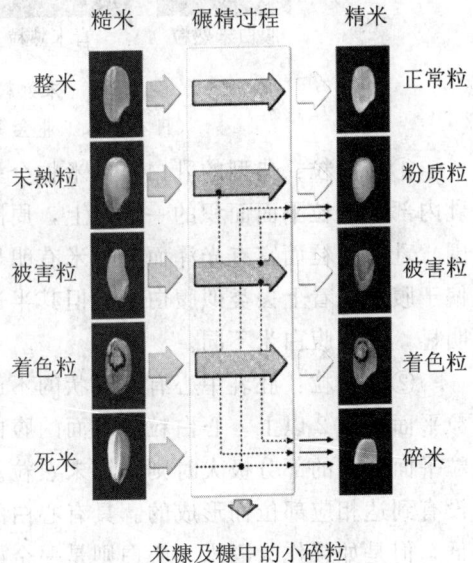

米糠及糠中的小碎粒

图 1.2-1　糙米与精米的关系
(日本精米工业会等，2002)

日本粮食厅、精米工业会等根据糙米的外在特点，将糙米分为整粒、未熟粒、着色粒、死米等。各种糙米经碾精后形成的产物并不同，除整米加工后全部变为正常的整精米粒外，其他糙米加工后分别形成精米中的碎米、着色粒、被害粒和粉质粒等(图 1.2-1)。据此，可以由糙米外观品质来推测精米的部分品质特征。这里首先介绍日本粮食厅对糙米的分类方法，然后介绍他们对精米种类的判别。

1. 糙米的种类

(1)未熟米粒：没有成熟、胚乳全部或部分充实不良的籽粒。充分充实的籽粒胚乳部分呈透明状，未达到成熟程度的米粒则胚乳部分呈白色不透明，称为白未熟粒。未熟粒共有 6 种(图 1.2-2)：

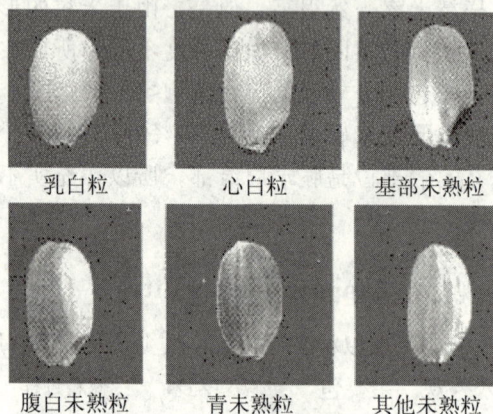

乳白粒　　　　　心白粒　　　　　基部未熟粒

腹白未熟粒　　　青未熟粒　　　　其他未熟粒

图 1.2-2　未熟粒的种类

(日本精米工业会等，2002)

①乳白粒：典型的乳白粒其米粒全呈乳白色。其不透明部分处于胚乳内部，占粒平面面积的一半以上，周围部被充实良好的半透明胚乳包围。乳白粒粒面富有光泽而与死米有明显区别。有的乳白粒不透明部分偏于腹侧，看上去类似腹白米；但其半透明部与白色部分的界线表现不明显，这与腹白米不同。

②心白粒：胚乳中心有平板状的不透明部分，并且不透明部分约占粒平面的 1/2 以上。心白粒与下面的腹白未熟粒都是品种特性，但其在粒平面上占的部分极大时则作为未熟粒。心白(或腹白)都是淀粉积累时没有到达相应部位而形成的。具有心白的糙米外观不良，一般食味也降低，但是如果作为酒米，心白则是一个好的性状。

③基部未熟粒：在灌浆过程中，最后充实的是籽粒的基部(有胚部分)，如在米粒成熟的终期遇到低温、风害、倒伏等生育障碍，导致基

部淀粉积累受阻而形成基部未熟粒。基部未熟粒白色不透明部分约占粒长的 1/5 以上。

④腹白未熟粒（与背白未熟粒）：在腹部有占粒长 2/3 以上、粒宽 1/3 以上的白色不透明部分。背白未熟粒也按此标准加以甄别。一般腹白米容易在籽粒较宽、腹部发达的品种类型中出现。

⑤青未熟粒：绿色浓、粒形不良、又不饱满的。一般成熟越不充分，绿色越浓，纵沟越深。如果绿色较浓即使有较好的粒形也作为未熟粒。虽然残存叶绿素，但成熟度高、透明度好的米被作为整粒米对待。

⑥其他未熟粒：其他未达到应有成熟程度的米粒，形状各异，比如有未成熟的扁平米、纵沟深的米、纵向条纹突出和果皮厚的米等。

（2）受害米粒：在灌浆成熟过程中，由于某种生育障碍而使粒形变异以及灌浆过程中或其后米粒受损伤的都称为受害米粒（如图 1.2-3，图 1.2-4 所示）。包括以下几种类型：

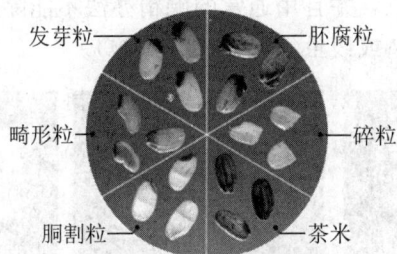

图 1.2-3　胴割及受害粒
（日本精米工业会，2002）

①畸形粒，包括：a. 胴切粒，米的一侧（多在腹侧）有超过粒宽 1/4 以上的凹缢，中国称为蜂腰米。凹缢深的蜂腰米在碾精时凹缢部的米糠不能除尽，也容易形成碎米，从而降低米质。凹缢轻微的米则作为整米对待。b. 扭曲粒，米粒无一定厚度而扭曲。米粒仅稍带扭曲，宽度与厚度及饱满度均好的，仍以整米粒看待。c. 其他畸形粒，如尖部细、外形不整等，此种米在碾精时常变成糠而降低精米率。灌浆过程中遇连续阴雨时易发生，这种米粒在碾米时易碎，贮藏时易霉变。但米的胚部已发黑而胚乳仍看不出变质的早期发芽粒仍作为整米看待。

②碎米：米粒破碎，不拘其程度大小均为碎米。一般是由于脱粒时或砻谷时受机械冲击或挤压造成，碎米的贮藏性差，碾米时易变成糠，同时降低出米率和精米品质。

③茶米（锈米）：米粒全部表面作茶色或锈色或有斑点，系稻米在发育过程中果皮感染菌类而着色之故，着色最浓的部分是果皮较下层的横

细胞层。茶米（锈米）若胚乳部未着色则碾精后与一般精米无差别，但一般多不饱满，米粒沟部的糠难以除去，使米色发暗。混有茶米后出米率降低。茶米一般在弱势颖花上发生，开花时下雨形成闭花受精，使花药残留于谷壳中时易发生。

④裂纹米（胴割）：米粒有纵向或横向裂纹。裂纹米在碾精时易形成碎米而使精米率和食味下降。米粒上只有微微一道横纹而在碾米时破碎很少的仍作为整米处理。米粒在成熟后其中的水分通过逐个细胞向粒外扩散，且最易被胚四周的细胞吸收；其次是米粒四周的细胞，但向米粒内扩散的水分则移动相当慢。因此在急骤的吸水和干燥过程中，米粒内水分状态不均匀而产生裂纹。裂纹米包括具有横向贯通的裂纹、虽没有横向贯通但因有两条以上裂纹而将米粒分成明显的两部分的米粒以及鞁裂米。

⑤着色粒：由于虫、热、细菌等原因，米粒表面全部或某一部分产生黄、褐、黑等颜色，并且用通常的碾精办法不能除掉。其产生原因为胚乳部受菌类、稻蟓或线虫等伤害（图 1.2-4）。

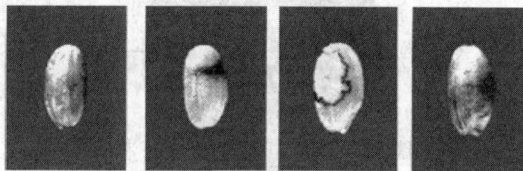

图 1.2-4　着色粒，自左至右分别为由于发酵、
稻干尖线虫、椿象、细菌危害而形成的着色粒
（日本精米工业会等，2002）

⑥胚部腐烂或发芽粒：系倒伏或收割后打捆晾晒遇积水浸渍造成。

（3）死米：死米大部分外观不透明、无光泽，有的虽较饱满，其长和宽也相当好，但厚度变小。死米按表面叶绿素的褪色程度有白死米和绿死米之分。白死米不同于乳白粒，因乳白粒表面有光泽。死米是生育中途停顿的米，多发生于弱势颖花上；在糙米的清理调制时常被当做秕粒和屑米除去，因此混入经由常规机械加工后可留存的糙米中的是极少许。当单位面积上小穗数过多和灌浆成熟不良，或发生倒伏影响正常灌浆时常易发生死米。死米大部分为粉质，碾精时成为糠或碎米，使出米率和品质都降低。

（4）整米粒：除去上述三种米粒，没有其他大的损害而具有品种固有的形状、色泽、且灌浆成熟良好的米粒总称整米粒。程度极轻的未熟米粒及受害米粒，也归入整米粒。整米粒又分为四种类型：

①完全粒：即外观上无不透明的腹白或心白等，粒形较完整的半透明粒。小粒或长粒的水稻品种完全粒较多，而大粒品种则因易产生垩白，在大多数场合下完全粒少。同一品种的完全粒，一般比垩白粒的千粒重低。

②腹白粒：米粒腹部有垩白，有别于心白粒或乳白粒，垩白部与半透明部界限清晰。常表现为品种特征。腹白粒是由于与糊粉层相连接的数层胚乳细胞淀粉积累不良，淀粉粒间有空隙所致。腹白粒在碾成精米后外观不良，不引人喜爱，而在粒质上可认为与完全粒不相上下。腹白粒在穗上容易形成大粒的位置上易于发生，强势颖花比弱势颖花发生得多，一般其籽粒大于完全粒，且大多完整，而腹白较大的，实际可能是未熟粒中的腹白粒。

③心白粒：米粒中部呈白色不透明，为品种特性。这种籽粒从背部至腹部的径线上的胚乳细胞变为扁平，淀粉充实不良形成不透明，而其外围四周则充实良好。心白粒在碾精时无破碎。心白米的吸水以及对酵母菌的繁殖均有利，故在日本，心白粒多的大粒米多用于酿造，用以制造清酒。但心白米用作米饭则因其外观和食味等原因被认为品质不良。

④青米：糙米的果皮中残留有叶绿素而呈绿色的米为青米。在收割早或倒伏后灌浆迟的情况下常发生。一般米粒随着灌浆成熟的进展绿色会褪去。在日本，有时为了提高食味品质而采取早割，这时宁愿增加青米。

青米发生率多的部位常在穗的下部枝梗或二次枝梗的籽粒上，以及弱势颖花开花灌浆迟的籽粒上，除早割和倒伏外，施肥过多时也易发生。一般青米的光泽好、黏性强，食味良好，从品质上看是受人欢迎的。青米碾精后其绿色可除去。青米中绿色浓且饱满度差的则为未成熟青米。

2. 精米的分类

精米经过蒸煮就变成香喷喷的米饭，米饭的食味首先和精米本身的特性有关，当然还与炊饭过程中淘洗方法、加水量的多少、加热方式与蒸、焖方法等有关。

根据米粒的形态，精米可以分为下面几种。

(1)粉质粒：粉质或者半粉质的米粒。又包括下列三种：

①粉质粒：粉质部分超过粒平面的1/2以上(图1.2-5)。

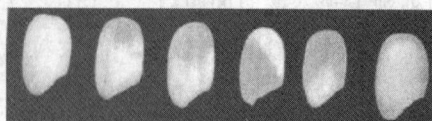

图 1.2-5　粉质与粉质粒

左侧的三个粒粉质面积超过 1/2，作为粉质粒对

待，第 4、第 5 粒粉质面积较小不作为粉质粒，最

后一粒表示粉质面积超过 1/2 的状态

（日本精米工业会等，2002）

②腹（背）白粒：粉质部分超过粒长的 2/3、粒宽的 1/3 以上（图 1.2-6）。

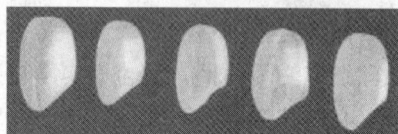

图 1.2-6　腹白与腹白粒

左侧两粒腹白较大，视为腹白粒，

右侧三粒腹白较小，不视为腹白粒

（日本精米工业会等，2002）

③心白粒：粉质部分超过粒平面的 1/2 以上（图 1.2-7）。

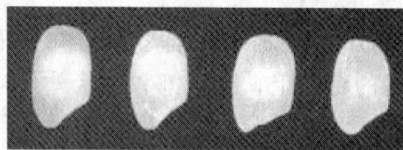

图 1.2-7　心白与心白粒

左侧两粒心白较大，视为心白粒，右

侧两粒心白较小，不视为心白粒

（日本精米工业会等，2002）

可见，上述日本精米工业会对粉质粒的划分主要是根据粉质面积来划分的。这与我国稻米品质测定仅根据粉质面积的有无而界定出垩白粒和非垩白粒是有区别的。

（2）受害粒，主要包括以下两类：由于受到污染或损伤而形成，如虫、热、霉菌、细菌等的危害；由于糙米畸形，粒的一部分残留糠层（图 1.2-8）。受害粒包括那些有受害特征的粉质粒和碎粒。

图 1.2-8　受害粒
左侧三粒是由于损伤而形成的，右侧
三粒是由于糙米畸形而形成的
（日本精米工业会等，2002）

（3）着色粒：由于虫、热、霉菌、细菌等的危害，使粒表面全部呈现黄、褐、黑等颜色，或者虽是一部分呈现颜色但是着色较重（图 1.2-9）。

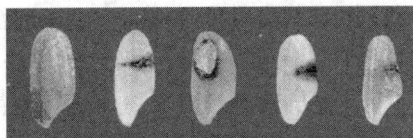

图 1.2-9　着色粒
自左至右分别为由于发酵、稻干尖线
虫、椿象危害而形成的着色粒，第 4、
第 5 粒分别是收获当年与 1 年后的稻
干尖线虫危害粒
（日本精米工业会等，2002）

（4）碎粒：粒的大小只有完全粒的 1/4 到 2/3。

（5）异品种粒：除去精米，其他作物的谷粒。

（6）异物：包括未满完全粒 1/4 的小碎粒和糠、杂物等垃圾。

（7）完全粒：除去上述各种成分，米粒完整或者具有与完整全粒相近的形状，整个米粒具有透明感，充实良好的米粒称为完全粒。

1.2.3　理化品质（physical and chemical quality）

米和饭的一些物理性质与米饭的食味有密切关系。主要包括：

（1）碱扩散值（alkali-spreading value，ASV）

印度学者 Warth（1914）最早发现，不同品种的精白米长时间放在稀碱液中，会有不同程度的膨胀崩解，并可以根据崩解程度的大小分为抵抗性强和抵抗性弱的两大类群。美国农业部的 Little（1958）进一步研究了不同浓度下大量品种的碱消解值，认为 KOH 溶液浓度在 $1.66\%\sim1.76\%$ 会使米粒膨胀，在 $1.80\%\sim1.85\%$ 会使米粒扩散。并进而提出，用 $1.70\%\pm0.05\%$ 的碱液消化 23 h，采取 7 级分类的碱消解值标准测定方法。但是日本的试验研究表明，在 1.70%±0.05% 的碱液浓度下，粳稻米崩解程度均较高。大量研究表明，在这一浓度下，所有粳稻品种大米的碱消解值基本是第 7 级，已经不能发现品种之间差异。日本学者认为测定粳稻米的合适条件是：KOH 浓度 1.4%，4 ℃，消化 24 h。因此，粳稻米碱消值应采用其他标准为宜，我们根据江幡守卫(1968)的研究结果，提出了 1.35% 的 KOH 浓度，(30±1)℃消化 23 h 的 10 级分类标准，将在后面的有关章节中加以叙述。

碱消解值与稻米淀粉含量、食味有密切的关系，一般来说，碱消解值高的大米米饭柔软。虽然碱消解值在米饭食味中的作用机制及与其他性状之间的关系仍有许多未明之处，但因其可以在只有几粒米样的情况下进行测定，所以可以作为不能通过官能测定食味时的一种代替方法。

(2)淀粉黏滞谱

在小麦品质研究中，很早就通过对面粉糊进行规律性的加热、冷却试验来测定小麦粉的黏滞性，以推断其加工适性。与小麦一样，大米的主要化学成分也是淀粉，大米淀粉的黏弹性、溶解度、结晶构造、组成等对米饭食味有重要影响。最早由 Halick(1959)将测定小麦粉黏弹性的淀粉黏滞谱测定方法引入稻米品质测定中。后来，澳大利亚开发出了新型的黏滞谱测定机器——Rapid Visco Analyser(RVA)，由于这个机器测定一次仅需 4 g 左右的米粉，在 15 min 左右完成，使得其能够在育种中得到广泛利用。该机器对米粉溶液加热过程及米粉糊的黏度变化过程如图 1.2-10 所示。

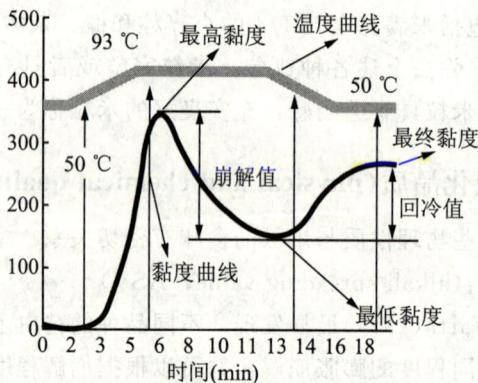

图 1.2-10　RVA 仪加热过程及米粉黏度变化

利用 RVA 测定淀粉黏滞谱时，仪器对米粉糊悬浊液进行加热，当温度升高到一定程度时米粉开始糊化。所谓糊化温度(gelatinization tem-

perature，GT)是指淀粉粒在加热水中开始发生不可逆膨胀，丧失其双折
射性(birefringence)和结晶性(crystallinity)时的临界温度。由于所有植物淀
粉都是由粒径不同的大、小淀粉粒混合构成，所以淀粉粒的糊化并不是
整齐划一的，小的淀粉粒先糊化，大的淀粉粒后糊化。因此，作物淀粉
糊化有一个温度变化范围。一些作物糊化温度如表 1.2-1 所示。

表 1.2-1　各种作物淀粉的糊化温度(℃)

种类	糊化温度范围	糊化开始温度
马铃薯	56.0～66.0	61
木薯	58.5～70.0	65.4
芋头		77.7
石蒜		66.3
甘薯		65.8
玉米	62.0～72.0	66.8
米	61.0～77.5	54
大米(旭)		
大米(农林 37 号)		59.8
糯玉米		71.8
糯米(农林糯 5 号)	63.0～72.0	58.6
黏高粱	67.5～74.00	
高粱	68.5～75.0	
小麦	52.0～63.0	58
绿豆		65.2
苏铁		67.3
马铃薯(大粒)		60
马铃薯(中粒)		61.4
马铃薯(小粒)		63.4

(参《米の科学》，1995)

大米淀粉糊化一般需要花费 10 min 以上的时间。起初，由于加热，
聚合度较低的水分子侵入到淀粉粒微结晶附近，一部分因为高温而变得
不稳定的淀粉分子间氢键遭到破坏，于是这部分淀粉分子变成了自由态
的水合物，而其余淀粉分子，以没有被破坏的分子间氢键作为节点，形

成网状结构。网状结构中心可以吸收大量水分子而膨胀，膨胀的淀粉粒之间相互摩擦，使米粉糊的黏度急剧升高。进一步加热，部分淀粉粒遭到破坏成为淀粉粒短片，从网状结构中脱出的淀粉粒也增加，所以米粉糊的黏度越来越大。在糊液温度升高到 93 ℃之前或者在保持 93 ℃的若干分钟之内，糊液达到最大黏度。米粉糊化以前是结晶性和非结晶性结构的混合物，随着糊化的进行，淀粉的结晶性及淀粉粒特有的结构模式消失。10 min 后，以均匀的速度降低温度，由于淀粉粒被破坏，导致膨胀的网状结构破坏，并最终引起糊液的黏度不断下降，到达某一个温度点时，黏度降到最低，此后，进一步降低温度，由于淀粉的老化，使一部分淀粉再度结晶，黏度再次上升。

与粳米比较，籼米一般最高黏度和崩解值小，糊化温度高、回冷值大。同是粳米，一般食味好的大米有最高黏度与崩解值大，糊化温度低、回冷值小的倾向，特别是崩解值与官能测定的综合评价有较高的相关性。

(3)米饭物性

米饭结构测定仪可以模仿口腔咀嚼米饭粒的动作来测定饭粒的黏弹性，因此很早就应用到稻米品质测定中。

米饭结构测定仪有多种类型。其中米饭质地(物性)分析仪(Texturometer)能测定米饭 8 项指标：硬度(hardness)、黏度(viscousness)、平衡性(balance，黏度/硬度)、凝集性(cohesiveness)、附着性(adhesiveness)、黏着性(stickiness)、弹性(springiness)、咀嚼性(chewiness)。这些指标称为米饭物性，可间接表示食味的好坏，一般米饭物性与食味有表 1.2-2 的对应关系。

表 1.2-2　米饭物性与食味的对应关系

米饭物性	食味好	食味不好
硬度	小	大
黏度	大	小
平衡性	小	大
附着性	大	小
凝集性	小	大
弹性	大	小
咀嚼性	大	小
黏着性	大	小

（4）米饭粒显微结构

典型的好吃的米饭和不好吃的米饭表层的微细结构有着明显的不同。好吃的米饭的表层部分是一层厚而覆盖广的海绵状多孔构造，其表面呈网状结构，伸展着很多直径在 1/1 000 mm 左右的细细的糊线（图 1.2-11）。而不好吃的米，不存在多孔结构，即使存在也很薄，它的表面也不存在网状构造或是熔岩状结构，总之是结构不十分发达的状态（图 1.2-12）。好吃的米表面的网状结构和细糊线的多少可能是一个能够表示米的黏性的指标。

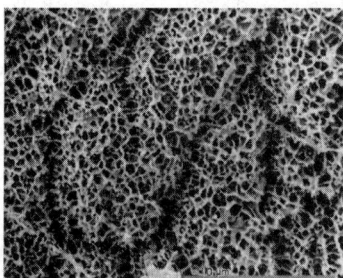 

图 1.2-11　食味优良的越光米饭的表面构造

（松田智明，1991）

图 1.2-12　食味不良的秋光米饭表面构造

（松田智明，1991）

内部结构和表层结构相比，一般比较致密。好吃的米呈多孔的质地、孔大（图 1.2-13）；不好吃的米则孔小、结构致密（图 1.2-14a），细胞壁和淀粉体等的膜构造的分解不完全，胚乳细胞和淀粉体残留的多（图 1.2-14b）。像这样细微结构的差异，导致其黏度、硬度、弹性等物理性质的差异，和食味有着密切的关系。

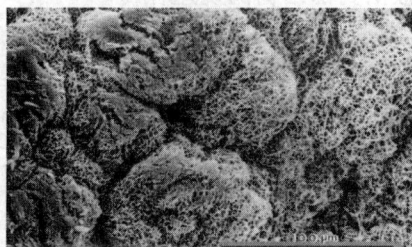

图 1.2-13　食味优良的越光米饭内部构造

（松田智明，1989）

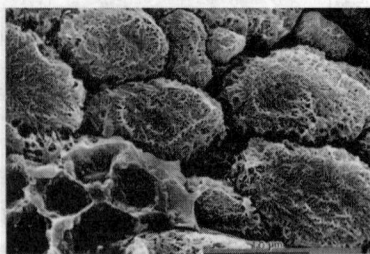

图 1.2-14a 食味不良的秋光米饭的内部构造

(松田智明，1989)

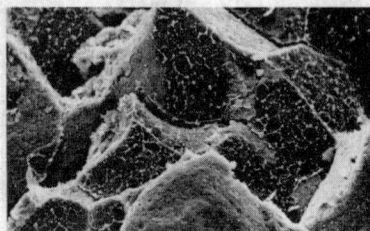

图 1.2-14b 食味不良的秋光米饭的内部构造，示炊饭后几乎没有变化的胚乳细胞

(松田智明，1989)

　　食用米的结构里最被关注的是表面 1/10 mm 的表层部分和表层结构的发达程度。这部分的结构与食味有着密切的关系，是官能评价最重要的部分。同时，表层部分的结构和内部结构发达程度密切相关，能够从表层的结构部分推出内部结构的发达程度。

　　(5)胶稠度(gel consistency，GC)

　　胶稠度指 4.4％的冷米胶的黏稠程度。用米胶在平板上的流淌长度表示。一般分三级：＜40 mm 为硬，40~60 mm 为中，＞60 mm 为软。它们与米饭的软硬程度基本对应。

　　(6)直链淀粉含量(amylose content，AC)

　　直链淀粉含量指直链淀粉干重占精米粉干重的百分率。为稻米食用品质的最重要影响因素。除糯米的 AC＜2％外，一般稻米的 AC 变异介于 6％~34％，可再分为极低(＜9％)、低(9％~20％)、中(20％~25％)和高(＞25％)四种类型。低 AC 米煮饭胀性小，饭较黏湿而有光泽；高 AC 米煮饭胀性大，饭干松而色淡，质地过硬，冷后回生；中等 AC 的米饭介于中间，较蓬松而软。籼稻米的 AC 一般高于粳稻米。

1.2.4 食味(eating quality)

食味指观察、食用米饭时所获得的感官与精神感受米饭的外观、香味、适口性等,一般经由感官鉴定后综合评分得出。

由于感官鉴定较复杂,自 20 世纪 80 年代以来,日本、韩国、美国等纷纷研发了各种食味测定仪器。

1.2.5 营养品质(nutritional quality)

营养品质主要指精米的粗蛋白质含量(crude protein content,PC)和赖氨酸含量。不同品种稻米的 PC‰变异于 5‰~16‰,籼米比粳米平均高 2~3 个百分点。高 PC‰米较硬,呈浅黄色,贮藏时易变质(蛋白质的-SH 基氧化成-S-S-),饭呈黄褐色,有时还带有令人"倒胃口"的气味。

1.3 我国食用稻米品质标准

为解决我国粮食结构性过剩引起的稻谷积压问题,实现按质论价,国家颁布了 GB/T 17891－1999《优质稻谷》。该标准将优质籼稻谷和粳稻谷均分为 3 个等级,将糯稻分为优质糯稻和非优质糯稻,各级标准摘录如表 1.3-1 所示,其具体评级方法见附录。

表 1.3-1 GB/T 17891－1999《优质稻谷》的品质标准

类别 等级	籼米			粳米			籼糯	粳糯
	1	2	3	1	2	3		
出糙率(%)	79	77	75	81	79	77	77	80
整精米率(%)	56	54	52	66	64	62	54	60
垩白粒(%)	10	20	30	10	20	30	—	—
垩白度(%)	1	3	5	1	3	5	—	—
AC(干基)	17~22	16~23	15~24	15~18	15~19	15~20	2	2
食味	9	8	7	9	8	7	7	7
GC	70	60	50	80	70	60	100	100
长/宽	2.8	2.8	2.8	—	—	—	—	—
不完善粒(%)	2	3	5	2	3	5	5	5
异品种粒	1	2	3	1	2	3	3	3

续表

类别 等级	籼米			粳米			籼糯	粳糯
	1	2	3	1	2	3	—	—
黄米(%)	0.5	0.5	0.5	0.5	0.5	0.5	0.5	0.5
杂质(%)	1	1	1	1	1	1	1	1
水分(%)	13.5	13.5	13.5	13.5	13.5	13.5	13.5	13.5
色泽、气味	正常	正常	正常	正常	正常	正常	正常	正常

1.4 稻米品质测定方法

过去，我国稻米品质测定一般依据"NY147－1988·食用稻米品质测定方法"，1995年到2010年国家先后颁布了"GB/T 15682－1995·稻米蒸煮试验品质评定""GB/T 15683－2008 大米直链淀粉含量的测定方法""GB/T 15682－2008 粮油检验 稻谷、大米蒸煮食用品质感官评价方法""GB/T 5495－2008 粮油检验 稻谷出糙率检验""GB/T 5514－2008 粮油检验 粮食、油料中淀粉含量测定""GB/T 22294－2008 粮油检验 大米胶稠度的测定"等。上述有关品质指标的测定应按这些方法进行。读者可在附录中查看这些标准。另外，还有学者提出了更适合遗传育种研究需要的单粒或半粒测定法。

上世纪国外陆续开发了通过近红外分析等方法测定食味的仪器——食味计，以及 RVA 黏度计、米饭质地分析仪等，目前的食味测定多采用仪器分析的方法。

另外，粳稻与籼稻的一些品质指标也不相同，我们开发了适用于粳稻米的糊化温度测定方法(武翠，2007)。

本节结合有关的国家标准，主要介绍稻米品质分析的一些注意事项和较适合育种的分析方法。

1.4.1 粳稻米糊化温度的测定

目前一般通过碱消化法间接测定糊化温度，前文已述及，用1.7%的 KOH 溶液在(30±1)℃条件下消化23 h，按7级分级的方法测定糊化温度。用这一方法测定的粳稻米结果一般都是7级，品种之间很难区分。而粳稻品种间米饭有事实上的软硬区别。我们在前人研究的基础上，提出了粳稻米糊化温度测定方法。这一方法对糊化温度测定以精米

为对象，用碱消值（ASV）表示。具体测定方法为：选择完整精米，在
（30±1）℃、1.35% KOH 溶液消化 23 h，目测分级。分级标准及每一
级特征如表 1.4-1 及图 1.4-1～1.4.9 所示。由于 1 级尚未发生糊化，所
以这里未列出 1 级糊化程度的图片。

表 1.4-1 碱消值分级标准

级别	粒周状态	米粒状态
1	无米粒分散物	粉白色，无变化
2	有少许悬浮物	膨胀
3	分解物增加	开始分解
4	粉白色分解物	较大程度分解，一侧轻微裂口
5	粉白色分解物增多	相当大的分解，腹部裂口张角增大
6	规则的云状衣领环，有时环有缺刻	表面完全分解，有时成翻转状
7	环分解成絮状，不规则	中心变为棉状团
8	少许云色丝絮物或没有	膨大成透明或半透明状
9	有极其轻微的分解物	完全透明，与四周分解物界线模糊
10	与米粒无明显分界，周围物全部分解消失	完全分解消失，只有完全透明的片状籽粒残留物

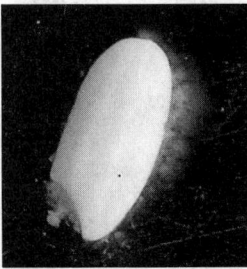

图 1.4-1 （2 级）

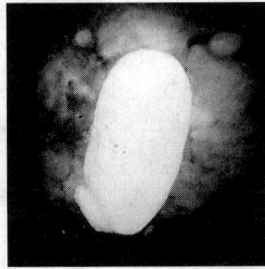

图 1.4-2 （3 级）

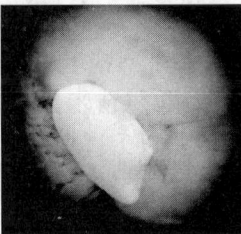

图 1.4-3 （4 级）

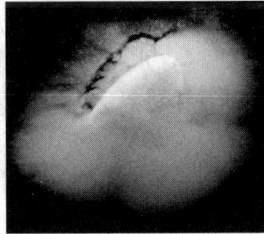

图 1.4-4 （5 级）

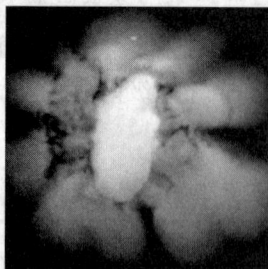

图 1.4-5 （6 级）

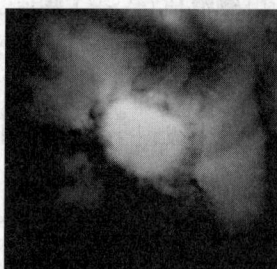

图 1.4-6 （7 级）

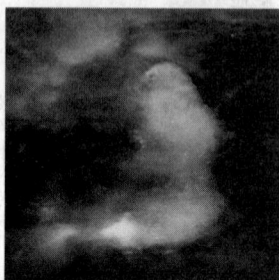

图 1.4-7 （8 级）

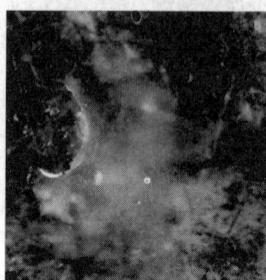

图 1.4-8 （9 级）

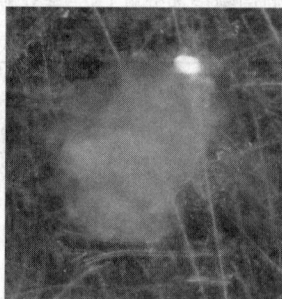

图 1.4-9 （10 级，白点是胚）

1.4.2 稻米胶稠度的单粒测定法

陈葆棠(1991)提出了胶稠度的单粒测定方法，其测定过程如下：

米粒干燥后(含水量约 12%)去壳，糙米在小型精米机上加工成精米；仔细地用刀片将精米中残留的胚除去，每粒整精米单独用 Wig-L-Bug 粉碎器经 15 s 粉碎成米粉，米粉细度 100 目以上，称取 10 mg 米粉置入 Φ7 mm×75 mm 的试管内，滴入三小滴(约 0.26 mL)草酚蓝指示剂(配制方法同百里酚蓝)，随即用振荡器加以振荡，使样品充分湿润分散，准确加入 3 小滴(约 0.26 mL)0.200 mol・L^{-1}KOH 溶液，再次用振荡器振荡混匀(此段时间应控制在 15 s 内),用小玻璃球盖住试管口,立即放入剧烈沸腾的水浴内(最好用电炉与铝锅制成水浴,以保证效果),调节水面高度,使沸腾的米胶高度始终维持在试管长度的 1/2~2/3 左右(可用吹风机调节),糊化时间为 6 min。糊化完毕后,取出试管,取去玻璃球,在室温下冷却 5 min,然后在冰浴中冷却 15 min,在20 ℃~25 ℃下,将试管平放在水平台上,0.5 h 后量出试管底至冷胶前沿的长度,以毫米表示,即为样品的胶稠度,其分级标准为:硬16~23 mm,中 24~36 mm,软 37~60 mm。

1.4.3 直链淀粉含量的测定

目前一般都是通过碘比色法测定直链淀粉含量。用这种方法测得的直链淀粉实际是真正的直链淀粉和支链淀粉的长链 B,即表观直链淀粉(apparent amylose content,AAC)。据 Bauttacorya 等(1982)研究,将碘比色法测得的淀粉分为热水可溶性淀粉(hot-water soluble amylose content,HASC)和热水不溶淀粉(hot-water insoluble amylose content,HIASC),并认为 HIASC 是米饭质地的主要决定因素。

关于直链淀粉含量的测定,国家已经颁布标准测定方法,但一些与育种工作相适应的方法仍很有必要在这里作一介绍。

(1)米粉含水量

在根据《GB/T 15683-2008 大米直链淀粉含量的测定》测定直链淀粉含量时,应先利用常规干燥法测定含水量,然后将测定结果转化为含水量是 14%时的直链淀粉含量。

(2)直链淀粉含量的单粒测定法——冷碱糊化法

先后有李锐(1988)、申岳正(1990)、陈奕(1991)等学者提出了直链淀粉含量的单粒或半粒测定方法,其中申岳正等(1990)的单粒稻米冷碱糊化法直接以精米作为测定对象,避免了磨粉这一前处理过程,笔者认为这一方法较好。我们课题组对这一方法作了一些简单的改进,总体测定操作程序介绍如下:

①药品与仪器:1.8 mol·L⁻¹NaOH 溶液、20 mL 刻度试管及直链淀粉含量改进简化法测定所需的药品仪器。

②测定步骤:米粒经准确称重后置于 20 mL 试管底部,加入 1 mL 1.8 mol·L⁻¹NaOH 溶液,30 ℃糊化 24 h,冷却至室温后,再加入 0.2 mL 95%乙醇、4 mL 1 mol·L⁻¹乙酸、0.3 mL 碘液,充分振荡,定容至刻度,静置 20 min 后比色。

标准曲线绘制:20 mg 直链淀粉含量为高、中、低、糯的稻米粉标样各一份，加入 0.2 mL 95％乙醇、1 mL 1.8 mol・L^{-1}NaOH 溶液与样品一起进行处理。以蒸馏水代替样品，配制空白溶液，在 620 nm 处调节零点，并测出吸光度值。

这一方法存在两个不足，须在测定时加以注意：一是精米含水量要尽量保持一致，为此应在测定之前尽量较长时间把样品在相同环境存放，以使各样品含水量与周围环境平衡达到均一；二是这一方法的标准曲线有波动，应注意经常加以校正。

针对申岳正等人的小样测定法存在的测定结果稳定性差的问题，程方民等(2001)提出冷碱液煮沸糊化法：用 0.6～0.8 mol・L^{-1}的冷碱液直接糊化脱糙后的精米，然后于 37 ℃糊化 21 h，继而煮沸 10 min，然后冷却至室温，再加入 0.2 mL 95％乙醇、4mL 1 mol・L^{-1}乙酸、0.3 mL 碘液，充分振荡，定容至刻度，静止 20 min 后比色。该方法具有前处理简便、重复间误差小、用样量少等优点，适用于分离群体或人工气候箱处理等小样品直链淀粉含量的分析测定，同时可作为普通实验室对众多育种材料杂交后代直链淀粉含量的快速鉴定。

(3)直链淀粉含量的简易碘蓝染色法

王跃星等(2010)，提出简易碘蓝染色法：采用一定量的半粒糙米染色，按照染色后颜色由棕红到深蓝的差异，将稻米直链淀粉含量分为 4 个类别，分别对应直链淀粉含量由低到高。并通过分子标记辅助验证了该方法对 Wx 基因筛选的准确性。

(4)水稻鲜样品直链淀粉含量测定法

钟连进(2002)等提出该方法，其测定操作要点如下。

①样品制备

水稻籽粒鲜样去壳、称重，加酶提取液研磨、离心后，上清液用于酶活性测定，沉淀定容后作为测定直链淀粉含量的材料。精确称取(或移取)总淀粉含量不超过 10 mg 的干样品(或鲜样品)，按照程方民等(2001)提出的冷碱液糊化后煮沸的方法，先加入 3 mL 2％的 NaOH 溶液(粉样要先用少量无水乙醇分散)，于 30 ℃下糊化 18 h，然后煮沸10 min，冷却后再用蒸馏水定容至 100 mL。

②碘蓝值的测定

取 1.0 mL 定容后的液体，加入 3 mL 显色剂(乙酸缓冲液配制，含0.02％的 I_2 和 0.002％的 KI)。混匀后测 620 nm 处的吸光度值。

③总淀粉的测定

总淀粉的测定采用硫酸－蒽酮法(用不同浓度的葡萄糖标准溶液制作标准曲线)。直链淀粉含量 y(mg・L^{-1})与吸光度值 x_1 和总淀粉含量

$x_2 (\mathrm{mg \cdot L^{-1}})$有如下的回归关系：
$$y = 0.4582 + 118.4456x_1 - 0.0692x_2 \qquad (1.4\text{-}1)$$

1.4.4 食味及相关性状测定

食用稻米最主要的品质指标是食味。食味的评价方法有感官测定、仪器分析和米饭物性(质地)分析等方法。这里首先介绍食味的内涵。

(1)米饭食味的内涵及测定

评价食味的好坏，最直接也是最可靠的方法是通过人们食用后给予客观评价。但这种评价受地区、生活环境、年代、习惯、年龄、体质等影响，也受品尝人数和样品量的限制，所以，准确进行食味测定是一项复杂的工作。我国农业部颁布的优质食用稻米标准中没有将食味列入其中，国家于 1999 年 11 月 1 日发布，2000 年 4 月 1 日实施的主要粮食质量标准列入了食味品质试验，并明确米饭的气味、外观、适口性和冷饭质地分别占 15 分、15 分、60 分、10 分，综合为 100 分。但该标准中没有指定综合得分为 100 分的标准品种名称，也没有指定对照品种或是否需要对照品种，因而缺乏可操作性。2008 年颁布的食味品质分析新方法 GB/T 15682—2008，基本克服了上述诸标准的矛盾，并提出大样与小样两种数量样品的食味测定方法，较为科学。

食味品尝试验一般分为下列几个项目：

①外观特性：包括粒形、光泽、粒与粒之间是否黏结等。

②香味特性：包括甜味，苦味，酸味，盐味，鲜味，涩味，后味等味觉，以及气味，如芳香，陈腐臭味等嗅觉。米饭尤其是新米饭有其特有的新米香味者为好。有陈米气味或异气味者不受欢迎。

③质地感觉：舌感，手感，齿感，黏性，硬度，纤维质，附着性，脆性，含水性。

以上这些与食味关系最大的是质地感觉。虽然烹调方法、食用方法尤其是喜好的不同，很难有统一的食味优劣的内涵，但食味好的米做成的饭给人感官的印象是：色白有光泽，外形好；食之有风味而近于无味，不论品尝多少次而其味不变，口中有甘味感；饭粒滑润柔软且有耐咀嚼性，并有适当的弹力与黏性，在温热时食之味美，其中触觉感受大于嗅觉。除此之外，有时也加评光泽、颜色、舌感等项目。

品尝试验结束，填写一定格式的品尝鉴定卡(见表 1.4-2)，这种卡片对保存和整理试验结果很有必要。综合评价是对食味整体的评价，不一定很具体。食味评价是根据每一项目的平均值和统计处理的差异显著性为基础而进行的。有时也以综合评价为依据。一般地，如果平均值的差异在±0.4～0.5，那么认为样品之间的食味有差异。

表 1.4-2　米饭食味评定卡

组别_____　日期_____　时间_____

评分标准与方法

请必须按着评分卡中与米饭对应的颜色标签出现的先后顺序分别与对照(红色)比较，利用相对法进行评价，并给出相应的分值。第一次试食(看、闻、咀嚼)就确信有明显差异则根据差异大小评定为"＋3"(－3)或"＋2"(－2)，第一次试食不清楚，第二次试食确信有差异为"＋1"(－1)，第二次也不能准确判断为0。其中黏度越强、硬度越硬越好。

	项目	色泽	外观	气味	味道	黏度	硬度	综合评定
品种编号	红	0	0	0	0	0	0	0
	蓝							
	绿							
	青							

(2)米饭的光泽度测定

由于上述食味试验的局限性，若要对低世代育种材料(样品量小)及大量样品(样品数多)进行食味评价，可采用米饭光泽度测定法。据研究，米饭的光泽度与米饭的食味相关性相当高($r=0.932$)，测定方法可用丰田味度仪测定，也可目测。其要点是：用统一的碾米机在同一天轧成精米，精白度90%，放入玻璃烧杯内淘米、加水、浸渍，用铝箔纸包住放入蒸锅内蒸煮10 min后，在光线较好的地方与对照品种比较观察、记录。

(3)稻米近红外食味仪

近红外食味仪是利用波长在800～1 300 mm的近红外线测定糙米或大米的各种有效成分(蛋白质、淀粉、油脂、糖、水分等)，然后根据各自仪器自身携带的多变量标准回归方程，推算米饭的食味。这些测定仪器一般都是非破坏性的，如日本的综合食味分析系统RA－6500：由食味分析仪、品质判定机、计算机、软件等几部分组成，测定样品量300 g，时间60 s。可对糙米或精米的水分、蛋白质、直链淀粉、脂肪酸度、老化等测定的结果进行综合分析；"味选人"食味分析仪：与上述综合食味分析系统的原理基本一致，但该测定仪在测定时增加了共同干燥的装置，测定的数值更具可比性；稻谷成分分析仪AN－810型、岛津水稻分析仪(Rice Analyzer)RQI、近红外透过型多成分分析装置(Grainspec)，等等。

（4）饭味度仪

近红外的方法也可以以饭作为测定对象，通过测定饭的光学特性，来评价饭的黏性、弹性、硬度和平衡性等物理特性，从而测定饭的食味，日本佐竹公司生产的饭食味计就是这样的一个分析仪器（图 1.4-10、1.4-11）。

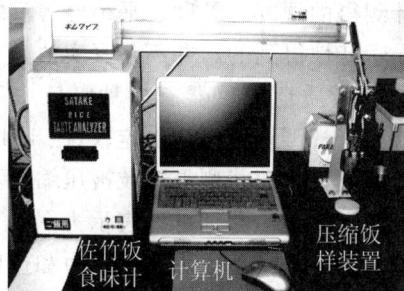

图 1.4-10　佐竹饭食味计成套装置

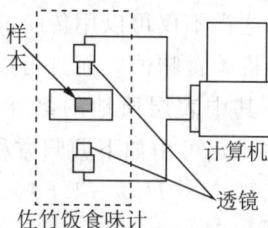

图 1.4-11　佐竹饭食味计工作原理

佐竹米饭质地分析仪的使用方法可以概括如下：部分精米采用如下程序与方法做成米饭：首先用纱布揉搓除去米中的糠屑，然后仔细地选留整精米，称量 10 g（米饭质地测定时称量 20 g），放入铝罐，加 1.5～1.6 倍蒸馏水后用锡箔纸盖严，室温下浸泡 1 h 后，取下锡箔纸，均匀的放入已加入适量蒸馏水的电饭锅中（每锅 5 罐），盖严电饭锅，开始加热煮饭。煮饭完毕，焖 15 min，再取出铝罐，重新盖严锡箔纸，放入大塑盒内，在室温条件下保湿降温 1 h，降至室温之后，弃去盒表面的饭层，用钢勺取中间米饭，进行测定（三次重复，取结果较接近的两次的平均值）。

据研究，影响食味好坏的根本原因是米饭生成过程中，表面黏液状附着液（简称保水膜）量的多少。该保水膜在米饭的表面，呈凸状，在光线照射到米饭的表面时，会产生反射光。日本东洋精米机制作所利用电磁波测定反射光强弱开发了丰田味度仪，其测定值用"味度值"表示。以

100 分为满分计算各品种的味度相对值。该味度仪由水浴池、电磁波测定器和分析用计算机三部分组成，具有操作简单（水浴池有发音、信号装置，计算机操作）、测试样品量少（33g 精米）和测试速度快（1 小时可测定样品 20 份）等特点。

1.4.5　米饭质地的测定

上述各种食味计测得的硬度、黏度、平衡性等反映米饭质地的物理特性是基于米饭的光学特性得到的，并不是真实值。米饭结构测定仪可测得其真实值。测定米饭质地的仪器有多种。日本 Taketomo Electric 公司生产的 My boy system 型米饭结构测定仪（图 1.4-12）其压缩板与载物台之间的最小距离可调，从而能测得饭粒被压缩至不同百分率时的黏弹性等质地变化特征值。其工作原理可以表示为图 1.4-13，压缩头接触饭粒后首先测定饭粒的厚度，然后以一定的压力和速度对饭粒施加不同程度的压缩和拉抻，从而测得米饭表层与米饭整粒的硬度、黏性等物理特性（表 1.4-3）。岗留等研究认为：压缩 25％、90％时能分别很好区分饭粒表层、整体的质地；这样不仅可以用传统的衡量黏性与硬度的比值的平衡性来推定米饭官能检验食味值，而且可以参照表层与全体的质地特性，使得评价更准确；其中表层质地的黏性与附着量与官能评价的"综合评价"值 Y 有密切关系，可用如下回归方程表示：

$$Y = 1.07 \times 10^{-3}(-H_1) + 1.53 \times L_3 - 2.19 \qquad (1.4\text{-}2)$$

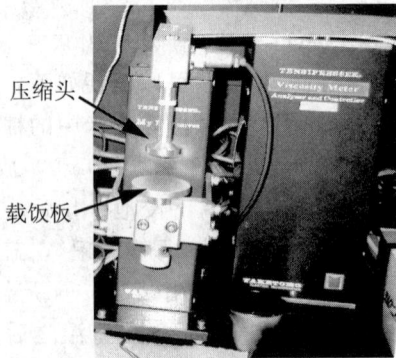

压缩头

载饭板

图 1.4-12　日本 Taketomo Electric 公司的"My boy system"型米饭质地分析仪测定装置

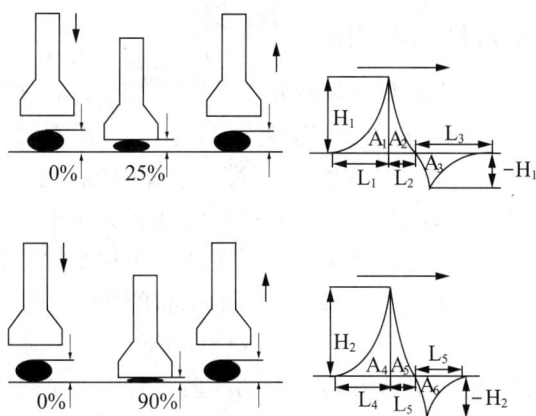

图 1.4-13　低(25%)高(90%)压缩饭粒形变与压缩头受力轨迹

(岗留等，1995)

表 1.4-3　表层与整体米饭质地的表示方法

表层硬度	反作用力峰值 H_1
	压缩距离 L_1
	面积 A_1
表层黏性	黏性峰值$-H_1$
	附着量 L_3
	附着性 A_3
表层平衡性	$-H_1/H_1$，A_3/A_1
整体硬度	反作用力峰值 H_2
	压缩距离 L_4
	面积 A_4
整体黏性	黏性峰值$-H_2$
	附着量 L_6
	附着性 A_6
整体平衡性	$-H_2/H_2$，A_6/A_4

　　而全体质地的附着性 A_6 与平衡性($-H_2/H_2$)与"综合评价"值也有密切关系。国内学者陈能(1998)等研究结果也指出，在米饭适口性评价中，米饭质地较直链淀粉含量、胶稠度更有参考价值。

　　采用日本 Taketomo Electric 公司生产的 My boy system 型米饭结构测定仪在压缩头 5 kg 力、6 mm·s^{-1} 的压缩条件下，将饭粒逐粒分别压缩 25%、90%，可以测定米饭表层和米饭整体的质地，每一品种测定 20 粒以上。

1.4.6 米饭结构的测定

日本茨城大学的松田智明教授开发了首先对高温而含有大量水分的米饭试样进行急速冷冻——真空冻结干燥，然后进行有关电镜分析的食用米饭品质分析方法，并做了大量研究。急速冷冻是把热的米饭投入－210 ℃的液氮中冷冻，然后在一个特制的真空冻结干燥机(－70 ℃～－60 ℃·10^{-3} Pa)进行约 20 h 真空冻结处理。用这个方法处理的食用米的表面能够再现直径 1/10 000 mm 以下的糊状的线。利用这个方法制得的样品，可以很好地进行扫描电子显微镜(SME)水平的显微结构特征评价。不过，透射型电子显微镜(TEM)的实验材料因为必须要进行脱水和树脂包埋等处理，这样的操作易破坏材料，所以还有待于开发新的方法。

第 2 章
稻米品质形成的研究进展

稻米品质是品种遗传特性与环境条件综合作用的结果。从遗传特性来看，胚乳的细胞学发育、充实过程以及胚乳最终贮藏物质的状态、数量、分子结构等可能与稻米品质有关；影响稻米品质的环境条件又包含自然生态因素和耕作栽培等人为因素，环境对稻米品质的影响应该是通过影响胚乳发育过程及内部生理生化过程而实现的。

2.1　胚乳淀粉合成与稻米品质

由于胚乳干重的 90％以上都是淀粉，因此胚乳淀粉合成与稻米品质关系密切。

2.1.1　胚乳淀粉合成概述

長戶一雄(1958)研究认为，淀粉生成于胚乳细胞中的淀粉体内，在淀粉体内存在一种称为原体的淀粉母体物质，由它提供淀粉合成材料，在酶的作用下，在母体表面合成后沉淀而形成淀粉。单个淀粉粒为多角形，直径 3～9μm，20～60 个淀粉粒聚合成复合淀粉粒。

淀粉的合成与积累是在多种酶的作用下完成的。Nakamura et al. (1989、1992)研究认为，共有 33 种酶在籽粒胚乳发育过程中参与碳水化合物代谢，其中蔗糖合成酶(SS)、细胞壁转化酶(Incw)、二磷酸腺苷葡萄糖焦磷酸化酶(AGPase)、可溶性淀粉合酶(SSS)、束缚态淀粉合酶(GBSS)及淀粉分支酶(SBE)是这一过程的关键酶。

关于稻米淀粉的组成，传统上认为只包含直链淀粉与支链淀粉，现已通过凝胶渗透色谱(gel-permeation chromatography，GPC)(B. O. Juliano，1985)分离出支链淀粉脱枝后形成的三种成分。

2.1.2 淀粉合成与稻米品质关系概述

复合淀粉粒内部单个淀粉粒的排列状态在不同米质稻米中存在差异。伍时照(1986)、梁敬煜(1996)发现籼稻或籼型杂交稻优质米品种单粒淀粉粒多呈晶状多面体，棱角明显，排列整齐紧密；而普通稻种单粒淀粉多面体棱角不明显，个别淀粉粒近圆形，排列疏松，有明显的间隙；垩白粒中的垩白部分与透明部分淀粉粒排列方式也存在明显差异。

淀粉合成的关联酶活动也与稻米品质有关。优质米与劣质米以及不同环境条件下许多酶的量及活性变化类型完全不同，而酶的每一种差异都可能导致淀粉积累的差异，从而产生米质的差异。目前的研究认为，蔗糖合成酶、ADP 葡萄糖焦磷酸化酶、Q 酶、可溶性淀粉合成酶及淀粉粒形成酶 5 个酶与稻米品质有密切关系。米质差异可能是形态上的，如垩白的有无等，也可能是淀粉质量上的，如直链淀粉与支链淀粉的比例等。米的化学与物理性质的变化进而影响水稻的食味。

进一步研究表明，稻米的食味品质不仅与传统的直链淀粉与支链淀粉的比值有关，支链淀粉的分枝组成与直链淀粉的链长等与米饭质地也呈显著相关。

2.2 水稻灌浆特性及其与稻米品质的关系

2.2.1 水稻的灌浆特性

灌浆是水稻进入生殖生长后的重要阶段，关系到产量、品质的形成，研究不同品种灌浆特点以及灌浆机理对提高产量、改善品质有着重要意义。

关于籽粒灌浆，前人分别从品种灌浆表型与遗传特征、灌浆生理以及影响灌浆的因子等方面进行了广泛的研究。20 世纪 80 年代以前，国内外多以 Logistic 方程对伴随灌浆而产生的籽粒发育等生物体量的生长进行数学描述，1988 年朱庆森等(1988)应用 Richards 方程分析了不同水稻品种籽粒增重的过程，此后，该方程就广泛应用于各种类型水稻品种的灌浆分析中。Richards 方程是以生长量 W 为依变数(W 多指籽粒重)，开花后天数 t(开花日为 0)为自变数的方程，公式为：

$$W = A(1 + Be^{-kt})^{-\frac{1}{N}} \tag{2.2-1}$$

（A、B、k、N 为参数，A 为生长终值量）。由该方程可导出更多具有生物学意义的次级参数：起始生长势 R_0，表示受精子房的生长潜势，生长速率为最大时的日期 T_{max}，最大生长速率 V_{max}，生长速率为最大时的生长量 $W_{max,v}$，平均生长速率 V_{mean}，活跃生长期 D。

Logistic 生长方程

$$W=\frac{A}{1+Be^{-kt}} \tag{2.2-2}$$

是 Richards 方程的一种特殊形式（$N=1$），其曲线以拐点 $W=A/2$ 为中心呈旋转对称。Richards 方程较其多一个参数 N，曲线的形状由 N 决定。并因此可以更好地描述作物生长过程。然而，作物实际的生长并不像曲线模拟那样丝毫不差。无论何种方程，都是借以反映不同品种灌浆特点的手段，在应用时可灵活掌握应用其中任意一种。

不同水稻品种灌浆特点的分析多是借助上述两种方程进行的；在研究方法上多将籽粒按开花先后顺序（强、弱势粒）、籽粒着生部位（一二次枝梗）等方式分开，分别进行研究。水稻灌浆类型的划分是基于穗内不同部位灌浆差异进行的。

朱庆森等（1988）根据弱势粒 Richards 方程 N 值的大小对灌浆类型进行划分。弱势粒曲线方程 $N<1$，曲线左偏，称为同步灌浆类型；$N>1$，曲线右偏，称为异步灌浆类型。顾世梁等（2001）则以强、弱势粒达到最大灌浆速率的时间间隔划分灌浆类型，间隔在 5～10 天以上的为异步型。袁继超等（2005）在此基础上提出 8 天以下为同步灌浆，10 天以上为异步灌浆。与此相似，还有两段灌浆、阶段性灌浆等种种概念。

张俊国等（1991）对粳稻品种灌浆特点分析得出，各品种二次枝梗粒的平均灌浆速率、最大灌浆速率和起始灌浆量均明显低于一次枝梗粒，各品种之间存在差异。一次枝梗粒灌浆速率高的品种，其二次枝梗粒的灌浆速率也高。徐秋生（1994）、周广洽（1994）、谢光辉等（2001）认为，亚种间杂交稻存在"阶段梯式灌浆"和"三段灌浆"现象，亚种间杂交稻强、弱势粒灌浆是不同步的。马国辉等（1990）以籼稻品种和不同类型的杂交稻为研究对象，得出了两段灌浆乃水稻之共性的结论。田小海等（2002）比较不同杂交稻组合灌浆特性认为，两系杂交稻、三系杂交稻属异步灌浆型，常规粳稻灌浆表现同步。两系杂交水稻组合的强势粒可以很快达到灌浆速率高峰，速率曲线波峰较陡，弱势粒灌浆滞后，三系杂交稻比两系杂交稻严重。郭玉春等（2001a）、杨建昌等（2002）对 NPT（new plant type）水稻灌浆特点的研究得出，相对于杂交稻和常规稻而言，NPT 水稻强势粒的最大灌浆速率小，弱势粒呈二次灌浆特性，峰谷出现在花后 21 天。在第一个灌浆高峰期间，强、弱势粒灌浆同步，但弱势粒灌浆强度明显低于强势粒，进入第二个高峰期，强、弱势粒呈异步灌浆。史春余等(1996)研究表明：不论结实率高低，最大灌浆速率都有上部＞中部＞下部，最大灌浆速率出现的时间以上部最早，下部最晚；灌浆持续期为上部＜中部＜下部，即越是上部籽粒灌浆起动越早，速率越大，灌浆结束的越早。柯建国等(1998)研究表明，强、中势花为持续的 Logistic 增长，弱势花有明显的两次灌浆现象，开花越早，灌浆高峰来得越早，灌浆时间越短。灌浆期、平均速率、最大速率、起始灌浆势都是强势花＞中势花＞弱势花。弱势粒有 2 个高峰，其高峰强度第二阶段＞第一阶段，第二阶段灌浆的干物质积累量远大于第一阶段。

灌浆速率、灌浆持续期是反应灌浆特性的主要参数，也是关系到籽粒充实、粒重甚至最终产量的重要因子。但就速率和持续时间哪个更重要的问题，不同学者得出的结论不一致。王建林等(2004)着重对杂交稻和常规稻的灌浆时间和灌浆速率进行了比较，他认为：杂交稻的缓增期持续时间较长，但灌浆速率低，常规稻缓增期相对较短，灌浆速率则稍大，因此，决定千粒重的主要因子是灌浆持续期，而灌浆速率位居其次，以较短的渐增期提早进入快增期是形成大粒的重要原因。袁继超等(2005)通过对源库关系的研究指出增加粒重的主要途径是提高各阶段的灌浆速率而不是延长灌浆时间。早开花的强势粒灌浆速率较快，灌浆结束早，其灌浆持续期就短，而开花较晚的弱势粒则表现速率慢，灌浆持续时间长。一般强势粒由于灌浆时气候环境适宜、营养物质充分，都能较好的完成灌浆，主要限制因子在弱势粒上。对于籽粒大小(颖壳容积)已形成的弱势粒而言，如能提高灌浆速率必会提早完成灌浆，灌浆持续期相应缩短；如以较慢的速率而给以足够的灌浆时间，弱势粒也可能达到籽粒充实良好的状态。但从环境角度考虑，延长灌浆时间会导致品种生育期延长，后期气候等环境因素可能不利于籽粒的生长，因此以提高灌浆速率来减少持续期可能是灌浆特性改良的有效途径。

产生籽粒灌浆差异的原因，许多研究者首先从源库关系方面加以研究。曹显祖等(1987)根据源库关系将水稻分为源限制型、库限制型、源库互作型。他认为，亚种间杂交稻颖花数量多，结实不良，属于源限制型；其在营养生长时期干物质生产能力大于品种间杂交稻及常规稻；但在生长发育后期却与营养生长阶段相反，亚种间杂交稻的干物质生产能力明显低于品种间杂交稻和常规稻的生产能力，干物质积累和分配不协调，而其库容量明显高于品种间杂交稻和常规稻，导致后期早衰，从而使籽粒中干物质的积累量减少。郭玉春等(2002b)在研究 NPT 水稻源库关系时，提出了流限制型，其特点为库足、源强，而营养物质在源、库间流动不畅。柯建国(1998)比较不同源库关系水稻灌浆特点发现，源限制型品种灌浆强度低于库限制型品种，灌浆持续期长于库限制型品种。袁继超(2005)通过遮光、剪叶处理(减源)发现，水稻籽粒终极生长量(A)下降，剪穗处理(减库)A 提高。上述处理主要影响弱势粒，遮光降低水稻籽粒的灌浆速率，延长实际灌浆时间；剪穗则是主要提高弱势粒的灌浆速率。即："源小库大"使灌浆速率降低，达到最大速率的时间推迟，活跃灌浆期延长，A 降低；"源大库小"则相反。源库关系主要影响弱势粒。程旺大等(2003)认为密穗型品种灌浆时，不同粒位的养分竞争作用较强，弱势粒的灌浆过程受强、中势粒的抑制作用较强，特别是灌浆前期，从而导致穗内不同粒位间灌浆速率和持续时间有较大的差异，并最终造成弱势粒的结实率、粒重和品质均明显不及强、中势粒。弱势粒水稻籽粒灌浆启动期滞后、灌浆速率小与籽粒充实度的关系在常规品种中也存在，因此这可能是一种普遍现象。李荣改等(1998)亦认为亚种间杂交稻在抽穗前群体净同化率低于品种间组合和常规品种，叶面积指数高于品种间组合和常规品种，但到成熟时其叶面积指数低于品种间组合和常规品种。光合同化产物(蔗糖)供应不足，尤其是后期供应量不能满足籽粒灌浆的需要是造成籼粳杂交稻籽粒充实度差的原因之一。

也有学者认为，弱势粒灌浆启动和速率并不完全取决于营养物质的供应水平，而在于籽粒的活力，即把蔗糖和氨基酸转化为结构性有机物的能力。徐仁胜等(1997)研究发现，穗在灌浆过程中，因颖花开花先后顺序不同，对供给灌浆物质具有不同的调节能力，在营养极端缺乏下，灌浆物质不是平均分配给每个籽粒，而是保证部分先开花的强势粒充实饱满，此称为"对物种延续有利的调节能力"。这种能力可能是通过植物激素(IAA)实现的，强势粒以"顶端优势"的方式抑制弱势粒的灌浆。谢光辉等(2001)也认为同化物供应不足不是弱势粒灌浆慢、充实不良的主要原因，而是因为淀粉的合成速率低或蔗糖等可溶性糖转化为淀粉的生化效率低下，并指出灌浆前期的生理活性是启动灌浆的生理基础。

综上可知，灌浆性状存在品种特异性，不同品种都有其特有的灌浆特点。一般认为灌浆快、平稳且强、弱势粒灌浆趋于同步是良好灌浆特性的表现。无论亚种或品种间都不乏灌浆表现突出的品种(系)或组合。因此通过有效的育种途径是可以对籽粒灌浆特性进行改良的。

灌浆性状属于数量性状，遗传较复杂，而且易受到环境的影响。左清凡(2005a)对稻穗灌浆的全过程进行基因效应分析后得出，在籽粒灌浆的整个时期中，加性效应仅在稻穗灌浆物质积累的前期发挥主要作用，稻穗灌浆干物质积累主要是受显性基因效应的作用，显性效应明显大于加性效应。在水稻开花后 12～29 天显性基因表达最为活跃，该时期显性基因的表达程度及其效应决定了稻穗灌浆能力。石春海(2001)对籼稻糙米粒重发育遗传研究表明：三倍体胚乳、母体植株、细胞质效应及与环境的互作效应明显影响不同发育时期糙米重量，开花后 1～7 天是控制糙米重的基因表达最活跃时期。梁康迳(2003)通过分期播种的方法对不同环境下籽粒质量发育研究认为，早季种植，籽粒发育动态主要受显性效应控制，加性效应在开花后第 18 天有微小作用；晚季种植，主要受加性效应控制，显性效应也有，尤其在 9～15 天。在晚季播种的，灌浆初期环境作用较大，至中、后期加性效应控制逐渐增大。左清凡(2002)对灌浆速率的遗传分析表明，水稻灌浆速率主要受三倍体胚乳核基因及二倍体母体植株基因的遗传控制，细胞质效应较小，并以胚乳核基因的加性效应为主。基因与环境的互作效应主要表现为母体加性与环境互作。Toshiyuki Takai 等(2005)通过 QTLs 定位检测到在第8、第12 染色体有两个与灌浆充实密切相关的 QTLs。并且该 QTLs 与每穗颖花数无关，这就意味同时提高灌浆充实与籽粒库容的大小是可能的。籽粒中非碳水化合物(NSC)的积累并不完全取决于籽粒的库容大小，而是取决于 NSC 的生物合成遗传基础。

2.2.2 水稻灌浆与稻米品质的关系

灌浆的过程与结果都对稻米品质产生影响，过程主要是灌浆动态与生理变化，而结果则是充实度。造成这些差异的原因，学者们或者直接研究有关灌浆参数与稻米品质的关系，或者将籽粒按穗位分开，研究不同穗位稻米品质差异。

从灌浆参数来看，灌浆前期的籽粒干物质积累速度是影响稻米品质的关键因素，即灌浆前期籽粒干物质积累速度过快不利于形成优质米。品质优良的品种灌浆前期应具有平缓的籽粒干物质积累速度(金正勋等，2000)。疏籽限库可以提高稻米品质，剪叶限源则相反(陶龙兴等，2006)。灌浆前期 SSase(淀粉合成酶)活性与 GC 和 ASV 呈显著负相关，与 AC 呈显著正相关，灌浆中期和后期的 SSase 活性以及灌浆后期 Q 酶活性与 GC 和 ASV 呈显著正相关，与 AC 呈显著负相关(赵步洪等，2004)。除籽粒充实度外，千粒重、结实率等产量相关性状与品质性状的关系也间接表明了籽粒充实与稻米品质存在着必然的联系。聂呈荣等(2001)研究认为，垩白率与生产力呈较高正相关，粒型与成穗率之间、垩白率与千粒重之间呈较高负相关。但大多数研究者认为,千粒重过高,会使垩白率增大,同时增加垩白度。钟旭华等(1994)在研究5个品种不同播期直链淀粉含量与千粒重关系时认为:4个籼稻品种的千粒重与直链淀粉含量呈显著正相关,籼糯品种千粒重与直链淀粉含量呈极显著负相关。聂呈荣等(2001)研究认为,直链淀粉含量与穗长、单株生产力之间呈较高负相关;蛋白质含量与单株生产力也呈较高的负相关(−0.994)外,与其他的农艺性状关系不大。吕文彦等(2001)研究表明,胶稠度与籽粒密度呈显著的负相关,直链淀粉含量与单株产量呈正相关,但未达到显著水平。

从籽粒着生位置来看,其不同位置的籽粒发育时间先后不同,在品质上存在一定差异。这些差异首先是与灌浆存在密切联系的,当然,不同开花时间籽粒所处温光条件不同,品质差异也反映了环境影响。王丰、程方民(2004)总结得出:外观品质中,强势粒较弱势粒有较大的粒长、粒宽和长/宽,先开花的强势粒垩白率及垩白度都较高,而后开花的弱势粒则较低。蒸煮食味品质中,强势粒AC、GT高于弱势粒。营养品质的蛋白质含量,先开花的籽粒含量低,一次枝梗上的籽粒低于二次枝梗上的籽粒。吕文彦等(2001b)对辽宁省水稻品种分析得出,在精米率、整米率、垩白率、AC、GC性状上强势粒高于弱势粒。在垩白面积、GT性状上,强势粒小于弱势粒。赵步洪等(2006)按籽粒着生位置分析品质得出,整精米有上>中>下,垩白度大小为下>中>上,胶稠度为上>中>下。穗上一二次枝梗差异主要表现在整精米率、胶稠度性状,一次枝梗性状值高于二次枝梗;垩白度则相反。朱海江等(2004)对不同穗型品种粒位间AC进行分析,直立穗型品种的粒间品质性状差异大于弯穗型品种,着生在穗顶部一次枝梗的籽粒AC较高,着生在穗基部尤其是基部二次枝梗的籽粒AC较低。张小明等(2002)研究结果与朱海江的结论基本一致,并发现米粒胚乳表层的AC较低,心部的AC较高,精白度每提高10%,AC提高1%。董明辉等(2006)却有不同观点,他认为AC、GC在穗上的差异与颖花开花时间顺序无必然联系,穗下部一二次枝梗的GC低、AC高,穗中、上部一二次枝梗的GC较高,AC低,即着生在穗上部生长发育早的枝梗上的籽粒蒸煮品质较好。

2.3 水稻籽粒充实特性及其与稻米品质的关系

2.3.1 籽粒充实的概述

籽粒灌浆的结果是使籽粒结实，但结实并不等于籽粒最终是饱满的，所以就产量及稻米品质的表现来看，从灌浆过程或结果出发，研究充实(程)度将更有意义。

水稻籽粒充实度是指发育子房(米粒)最终在谷壳中的填充程度，直观含义是饱满度。充实度包括两个方面的含义，一是米粒体积占谷壳最大容积(谷壳充分伸展时的容积)的比值，比值愈大，充实度愈高；二是米粒内部物质(主要是淀粉)结构疏松或紧密程度，内部物质结构愈紧密，充实度愈高(周广恰等，1994)。对于充实度的第一层含义，最直观的表示方法应为糙米体积与谷壳最大体积的比值，但鉴于对谷壳最大容积的测定较为困难，研究时一般以其他指标代替。对充实度第二层含义的研究表明，充实度高的水稻籽粒，其胚乳细胞一般呈多面体状且排列整齐，其淀粉粒均为大型的复合淀粉粒且充实紧密，而充实度低的米粒则刚好相反。但目前与胚乳内部细胞结构有关的籽粒充实度量化指标尚不多见，尤其是对于不同充实度籽粒的胚乳细胞及淀粉粒的大小、密度等量化标准的确定都还有待进一步的深入研究。

影响水稻籽粒充实度的因素有很多，但遗传因素起主导作用。关于籽粒充实度的遗传特性，朱庆森等(1995)认为不同粒位间籽粒充实度是加性效应和非加性效应共同作用的结果。李荣改等(2000)指出籽粒充实度遗传主要受一般配合力的制约，以加性效应控制为主，尤其是下部的籽粒充实度受加性效应的控制更为显著。李伟等(2003)亦认为，籽粒充实度主要受遗传因素控制，且基因的加性效应起主导作用，籽粒充实度的遗传力较高。亚种间杂交稻与常规稻、亚种内品种间杂交稻相比较，尽管亚种间杂交稻籽粒充实率表现普遍较低，但同时也存在籽粒充实好的组合。袁隆平(1996)指出提高亚杂组合籽粒充实率的主要途径在于选用高充实率的亲本。陈光辉等(2001)认为籼粳杂种的籽粒充实度与双亲的程氏指数差值呈极显著的负相关，籼粳双亲亲缘差距过大将制约杂种籽粒充实度的提高。选用籽粒充实度一般配合力高的籼粳中间型亲本与籼稻配组，可以提高杂种的籽粒充实度(李任华、李伟等，1998，2003)。因此，通过亲本选择提高杂种籽粒充实率的途径是真实有效的。

2.3.2　籽粒灌浆与籽粒充实

籽粒的灌浆过程直接影响着籽粒的结实和粒重，并且与籽粒充实过程也是密不可分的。丁君辉等(2003)认为，充实度好的品种，强、弱势粒灌浆参数相差较小，充实度差的品种，强、弱势粒灌浆参数相差较大，表现异步灌浆。高结实率品种比低结实率品种灌浆速率快，籽粒的灌浆持续期短(史春余等，1996)。徐秋生(1994)、周广洽(1994)、谢光辉等(2001)认为，籽粒充实度差的水稻品种基本表现为强势粒和弱势粒的异步灌浆，强势粒开始灌浆和达到最大灌浆速率的时间早，弱势粒在开花后相当长时间内生长处于停滞状态，待强势粒生长速率下降到十分微弱时才开始灌浆；弱势粒的起始生长势、灌浆速率和生长终值量等均小于强势粒。亚种间杂交稻受精籽粒灌浆启动期明显滞后和粒重增长速度缓慢，特别是弱势粒灌浆启动时间延后是籽粒充实度差的主要原因。卢向阳、李献坤等(1992，1992)提出碳素同化能力比较强、衰老速度比较慢、库容比较小的两系亚种间杂交组合充实度较好。Tohru Kobata(2006)对 NPT 水稻及日本籼粳杂交稻成熟度的研究认为，NPT 水稻充实度低的原因是籽粒受精不良造成的，而籼粳杂交稻则是同化物供应水平不足造成的。邓仲篪、陈学斌等(1991，1992)研究指出，两系杂交组合的光合产物运往穗部的百分率明显低于三系杂交组合，前者为59.4%，后者为 69.39%。亚种间杂交组合在结实期茎鞘仍有大量物质累积是部分组合充实不良的成因。丁君辉等(2003)对籽粒充实度明显不同的亚种间杂交稻及品种间杂交稻和常规稻的研究表明，同化产物供应量不是限制籽粒充实的主要因子，在很大程度上与其籽粒本身生理活性有关。

由此可看出，对于影响籽粒充实的生理基础，众学者因应用材料、试验方法不同得出的结论有所不同，其主要分歧围绕在源库关系、流运输及籽粒生理活性三方面展开。

2.3.3　籽粒充实与稻米品质的关系

充实的籽粒一般有较高的单粒重，籽粒饱满而厚，因此整体品质，特别是加工品质较好。但是，一些小而圆的籽粒由于厚度大幅增加，外观品质可能不佳。而未充实籽粒则多不饱满，外观与加工品质都不佳。若米粒腹部、中心或边侧部位在发育期间淀粉粒等物质充实度不高，结构疏松，则呈白色不透明状，谓之垩白。凡垩白大的籽粒，外观不佳，米质疏松，加工时易碎裂。也有认为稻穗下位充实程度相对较低但非秕的籽粒食味品质较佳。赵全志等(2006)认为灌浆中后期籽粒相对充实度基本上与平均千粒重、经济系数、理论产量和实际产量均呈极显著正相关；花后19～32天的粒位间籽粒相对充实度基本上与强势粒和弱势粒的垩白率、垩白面积、垩白度呈极显著负相关，与弱势粒的糙米率呈显著正相关；花后19天的相对充实度与弱势粒的精米率、整精米率呈显著正相关。邵国军(2007)研究表明，同一部位随着籽粒充实度降低，其糙米率明显下降。相同充实度籽粒的糙米率在部位间差异不大，多呈现出二次枝梗大于一次枝梗、中部与下部籽粒糙米率大于上部的趋势。但空秕粒的糙米率显著下降，仅约为饱谷粒的70%。这说明可以通过提高灌浆中后期弱势粒的灌浆速率，降低灌浆中后期弱势粒与强势粒之间的灌浆差异，提高籽粒的相对充实度，从而提高平均千粒重，达到提高产量、改善稻米品质的目的。

2.4 影响稻米品质的环境因素

温度、光照、水、肥等凡能影响灌浆的因素，都对品质有影响。总起来看，环境因素对稻米品质的影响有复合效应。贾志宽(1992)为了便于研究气象条件与品种垩白的关系，将垩白分为不随气象条件变化的基础垩白和随气象条件变化的气象垩白，进一步研究结果表明：齐穗后15天内日均温状况与垩白有密切关系，日均温为20℃～23℃时的垩白面积为基础垩白，气象垩白则因品种与地区有明显差异，就地区而言，全国自北向南气象垩白随齐穗后15天内日均温变化由小变大，在北方一年一熟单季粳稻区一般不会超过5%，而在华中华南一年三熟籼稻区，早稻齐穗后15天内的日均温偏高(28℃～29.8℃)，因而其气象垩白的变化可达10%～20%左右。程方民等(2001)依据变异系数的大小，将稻米品质性状分为三种类型：生态稳定性状，包括粒长、粒形、糙米率和精米率，该类型对气候生态变化反应较为迟钝；生态敏感性状，包括垩白度，该类型对气候生态条件变化反应最敏感；中间性状，包括AC、PC、整精米率、GC、GT，其性状表现既受品种遗传特征的制约，又在很大程度上受气候生态因子的影响。

但不同环境因子影响的主要品质性状、程度又是不同的，下面将分别叙述。

2.4.1 灌浆成熟期气温对稻米品质的影响

在生态因素中，温度对稻米品质影响最大。温度对稻米品质影响的主要时期基本公认为灌浆结实期。许多研究又将灌浆结实期整个时间历程，按 3 天或 5 天的时间组距划分为若干个时段，分别比较研究每一时段或整个灌浆期的最高日均温度、最低日均温度和平均日均温度等对稻米品质的影响。张国发等(2006)认为结实期高温使长/宽、垩白率、糙米率、精米率和整精米率显著降低，蛋白质含量升高。从抽穗到开花后 20 天是温度影响稻米品质的关键时期。徐富贤（2003）、杨占烈等(2006)得出整精米率、垩白率和垩白度受灌浆期气象因子影响最显著。齐穗后 0～20 天的日均气温和日最低气温低，相对湿度大，有利于提高整精米率，降低垩白率和垩白度。N. T. W. Cooper 等（2006）通过对多年气候数据分析认为，籽粒由乳熟到腊熟的日平均低温即夜间温度是影响整米率的重要因子，此时温度越高，整米率越低。水稻开花灌浆期遇 35 ℃高温持续 5 天以上将严重影响水稻结实率及米质，显著降低稻谷的糙米率、精米率、整精米率、透明度及胶稠度，增加垩白。在种植季节上，早季稻品质不及晚季稻，但在 AC 性状上早、晚季节种植差异不明显(陶龙兴等，2006)。

　　虽然由于试材、方法、地点等的差异其研究结论不尽相同，但仍存在基本相同的结论有：①温度对稻米品质影响的关键时段是灌浆的前期或中期(抽穗后 15 天到 30 天不等)，而不是贯穿灌浆结实期的始终，但这种影响可能存在延续效应；②相对低温有利于形成较优良的品质，而高温多对品质不利，并且严重影响籼稻品质的临界高温高于影响粳稻品质的临界高温，一般 22 ℃～26 ℃是形成最佳米质的日均温变化范围(赵式英，1983；唐建军，1985；罗科，1987；孙义伟，1993；孟亚利，1993；赵同华，1992；徐正进，1994；吕文彦，1998；程方民，1996；长户一雄，1959，1975)。

　　温度对碾米品质的影响主要是高温导致糙米率、精米率、整精米率下降，尤其高温(>30 ℃)或低温与寡照相结合影响更甚，可使糙米率、精米率降低 1%～3%，整精米率降低 3%～10%。南方早稻灌浆成熟期正处于七八月份的盛夏高温季节，因而早籼米的加工品质较差。

　　粒长与粒形主要受遗传因素控制，气温对二者的影响甚微。垩白的大小多与气温有密切关系。由于垩白与透明度有关，因此气温对透明度也有影响，一般高温使垩白增加，透明度降低。

　　GT、ASV 对温度的反应为气温升高 GT 升高，ASV 降低；相反，气温降低 GT 亦降低，ASV 升高。GC 对温度的反应无明显的规律性，有的研究认为 GC 随温度升高而变硬，但也有相反的报道。温度对 AC 的影响存在不同的研究结果：Paul(1997)认为在 22 ℃～31 ℃范围内随着平均温度升高，低 AC 品种 AC 始终是下降的，但中等或高 AC 品种在温度升高时，AC 不变或稍有增加。Resurreccion 等（1997）的研究指出，藤坂 5 号（粳）的 AC 随平均温度升高而下降，而 IR20（籼）在平均温度低于 29 ℃时 AC 提高，当平均温度提高到 29 ℃以上时则有降低的趋势。赵式英（1983）认为，如灌浆成熟期的气温有利于淀粉的形成与积累，亦将有利于其种性的表现，即高 AC 的品种直链淀粉积累多，低 AC 的品种支链淀粉积累多。但不同类型品种积累淀粉所要求的最适温度是有差异的，罗科等（1987）认为籼稻直链淀粉累积所要求的适宜温度高于粳稻，并且灌浆结实前期、后期气温与最适宜气温偏差越小，越有利于直链淀粉的累积。

2.4.2 其他生态因素对稻米品质的影响

（1）光照

光照通过影响光合作用和温度干预着物质合成和谷粒的充实灌浆，从而影响米质与产量。另外，光质成分对米质（特别是营养品质）也可能有影响。

①光照对碾米品质与垩白性状的影响：一般来说，缺光时物质合成与谷粒充实受抑，籽粒充实不良时碾米品质降低，青米等障碍米增多。人工光照处理对垩白性状的影响因不同的研究方法而有不同的结果，如长户一雄的遮光实验（抽穗前 14 天始，每 5 天为一期，一直处理到抽穗后 26 天）表明：孕穗期遮光能减少垩白的发生，同时剪去部分枝梗进行遮光处理的穗要比不遮光的垩白发生率低（即孕穗后限源减垩），但抽穗后半个月内剪去部分枝梗，垩白发生率反而提高（抽穗后限库增垩）；田代亨的剪叶实验表明：抽穗前后各半个月内剪叶限源者，垩白增多，处理时间越早，剪叶越多，垩白越多越大。他将供试的"农林 8 号"改为"金南风"后，从抽穗到抽穗后 20 天以前遮光 10 天，垩白粒减少，灌浆后期（抽穗后 20~40 天）遮光，垩白率反而提高（田代亨，1975）。因而垩白的发生与光照的关系实际是较复杂的。

②光照对营养品质（主要蛋白质含量）的影响：光强对蛋白质含量的影响也有两派不同的观点，其一是减弱光强提高蛋白质含量，如本庄一雄指出抽穗前遮光使蛋白质含量提高，其原因是穗数和穗粒数的减少。黄发松认为山荫田的稻米蛋白质含量较高。唐建军（1985）认为早期遮光（这种遮光能改变光谱成分，使其中的短波光成分增加），植株体内含氮率增加，向穗部运转的含氮化合物增加，籽粒蛋白质含量也随之增加。Gomez 发现谷粒灌浆期间太阳辐射强度与蛋白质含量间呈负相关的现

象,即热带稻米蛋白质含量较低。他认为热带旱季光照充足水稻产量高,蛋白质含量由于碳水化合物的"生物稀释"而相对降低。其二是遮光处理会降低蛋白质含量,如本庄一雄在抽穗前不久遮光,稻米蛋白质含量提高,齐穗后 11 天至 20 天间遮光,蛋白质含量下降,他认为籽粒蛋白质含量同后期太阳辐射量呈正相关,后期遮光抑制了磷素的吸收,因而蛋白质的合成削弱。

产生两种不同意见的可能原因:Ⅰ遮光程度不同所产生的生理效应不同;Ⅱ衡量标准不同,蛋白质含量可以理解成单位质量籽粒中的蛋白质,也可以理解为蛋白质产量、单粒产量、单株产量;Ⅲ遮光后可能结果是:低产高氮、中产或高产高氮、高产低氮,其中第一种情况往往是生态条件下的障碍型、缺水、不合理使用除草剂等造成的,山荫田和多云雨季常有"中产高氮"的现象,"高产低氮"是常见的现象,而"高产高氮"则一般是水肥管理的结果。

③光照对其他品质的影响:松岛曾指出,灌浆期光照不足,则千粒重降低,不成熟粒增加。赵式英(1983)指出灌浆不好的青米、障碍米,除千粒重减少外,AC、GT 降低,GC 变硬。

(2)土壤

日本的一些学者认为,花岗岩母质土壤种稻品质优良,低洼、漏水严重的地块种稻品质差,草炭土与黑钙土很难产出优质米。韩国的一些学者则认为在腐殖质土种稻食味最好,其次是火山灰土,最差的是草炭土。

(3)其他

历史上一些特殊优质米产区往往局限一定的小生境,但米的优质究竟与哪些因素有关,大多并不清楚。已知的仅是富含有机质和 Si、K、Zn 的土壤有利于保持优质。气温冷凉的山区稻米食味应与当地的气候对灌浆的影响有关。

2.5 农艺措施与稻米品质

实践证明,农艺措施,特别是灌浆成熟期采用的农艺措施如施肥、灌溉、除草和防治病虫害,都能对稻米品质发生不同程度的影响,最明显的就是通过后期追肥改良米质和提高产量。

2.5.1 施肥对稻米品质的影响

水稻高产栽培技术已经有相当充分的研究,但在优质米生产上不能照搬，现在比较清楚的是，多施化学氮肥尤其是穗肥能增产但不能优质。

(1)施肥对产量和碾米品质的影响

灌浆期间(或齐穗期前不久)追施氮肥能防止早衰，维持根系活力和叶片光合能力，提高千粒重和成熟率。同时，由于体内含氮率增加，向穗部运转的氮素化合物增多，籽粒蛋白质含量提高(稻谷产量和蛋白质含量同时提高)，谷粒硬度随之增大，耐磨品质得到改良，耐贮性和整精米率显著提高，这种效果已为许多研究者所证实。Gomez 认为，只有后期追肥这一项农艺措施，能改善米质而又不降低产量。Balal 指出，多施氮肥、稀植(改善个体营养条件)都能提高精米产量。M. Leesawatwong(2005)研究表明氮肥营养可以增加种子蛋白质含量，同时提高碾磨品质，与整米率正相关。这可能是由于增加的蛋白质使得米粒密度增加，在碾磨时韧性增强，使得米不易破碎。

(2)施肥对外观品质的影响

后期追肥能促进谷粒充实，成熟度提高。但粒肥(氮肥)对垩白性状的影响还有分歧。長户一雄(1976)在抽穗后 5 天和 15 天每钵施 0.5 g 和 2.0 g 氮肥，垩白发生率都比不处理高，即有利于灌浆的条件增加垩白(与遮光减垩一致)。而田代亨(1981)的施肥试验结果正好相反，他根据两年的试验结果指出，抽穗期追氮可以减少垩白，垩白减少量与施肥量呈正相关。两派意见争论焦点在于垩白米是否属于障碍米。对于垩白机制的研究将有利于改善外观和碾米品质。

(3)施肥对蒸煮及食味品质的影响

Gomez 指出，蒸煮品质中的直链淀粉含量随施肥而稍减，但不受施肥时间的影响。从深层施肥的结果来看，产量和外观及营养品质都已改善了，但食味似乎变差了，同时加热吸水率，胀饭容积、糊化温度均增加，米饭的黏性和弹性都有所降低。至于米饭的外观、气味和食味在优质品种"康西卡里"上表现无变化，蒸煮和食味品质都不受肥料形态的影响，只与后期土壤中养分动态有关。栅栅(1978)指出，自减数分裂期至抽穗期的追肥能使食味变好，但空秕率增加，解决食味变差的办法，是通过品种改良选育出优质食味品种，然后通过施肥手段改善营养品质。近年来，又有人研究指出，食味与蛋白质含量之间并无内在的负相关性。

(4)施肥对营养品质的影响

松岛早就指出，齐穗期和抽穗后追施氮肥，能够增产并显著地改良米质，除使完全米增多外，对蛋白质含量也有显著的影响。后期追肥，除食味稍有劣化之外，多数品质改善。蛋白质含量丰化的同时，其质量（如赖氨酸含量）并不显著降低，且证实通过农艺措施增多的蛋白质更均匀地分布在胚乳中，碾磨中损失很少。江西农业大学付木英指出，早稻齐穗期、晚稻孕穗期追氮，特别是根外追肥，能显著提高糙米蛋白质含量（早、晚稻追肥适期不同与生育期间养分动态有关）。任何有利于稻株在灌浆期间氮素吸收的情况，均能提高蛋白质含量。本庄一雄指出，齐穗期追氮所产生蛋白质增加效应的品种间差异，并不是由于他们的吸收量不同，而是因为氮素向穗部运转机制不同。但也有人认为蛋白质含量丰化的主要部分是质量较差的醇溶蛋白（一种简便方法，镜检胚乳切片，圆形蛋白质颗粒是高谷蛋白或低醇溶蛋白，而多角形蛋白则相反。）

　　其他肥料因素对稻米品质影响的研究不多，其效应又常与土壤因素有关。磷素较钾影响大，缺磷使蛋白质合成受到削弱。施用有机肥能增强地力但对食味却可能有不良影响，施用充分腐熟的有机肥影响不大。韩国认为厩肥及鸡粪对改善外观有利。

2.5.2　灌溉对稻米品质的影响

（1）碾米品质

灌浆充实期水分不足，使得谷粒充实受阻，枝梗和稻体早衰，障碍米增多，外观品质变差，千粒重、产量、糙米产量、精米产量和整米产量降低。栽培上要保持干干湿湿直至收获。

（2）蛋白质含量

目前有两种不同的观点，其一是旱栽比水田的稻米蛋白质含量高。平宏和等研究指出，陆稻、水陆杂交种、水稻三类型在同样栽培条件下的籽粒蛋白质含量均是陆稻＞水陆杂交种＞水稻，同时无论哪类型品种都是旱栽比水田蛋白质含量高。他认为旱栽糙米蛋白质含量高，原因在于整个生育期里稻体含氮率较高，又指出正因为后期追氮能提高稻体含氮率，因而该措施能提高籽粒蛋白质含量。旱栽高氮是属于那种低产障碍型的高氮，单位面积上的蛋白质产量仍较低。长谷川指出，旱栽稻株抽穗后，地上部对氮素的吸收增多，成熟期茎、鞘、叶仍有较多氮素，有利于氮素向穗中运转，提高籽粒蛋白质含量。其二是灌溉更有利于提高蛋白质含量。如 Gomez 指出：热带条件下，灌溉更有利于蛋白质含量的提高。刘宜柏指出，先锋一号、湘九及"V41A×770"三品种、组合在湿润灌溉下糙米蛋白质含量更高。也有人指出，同一品种在渍水栽培时表现较高的蛋白质含量。Krap 曾报道，稻谷产量和蛋白质含量都随土壤缺水程度加剧而降低。他推测是由于植株缺水和土壤通气影响了稻株对氮素的吸收，从而造成体内氮素浓度下降所致。统一两种意见需考虑：①产量和蛋白质含量；②缺水程度；③缺水时期；④品种耐旱性；⑤除水之外的其他条件。

De Datta 和 Krim 报道，种植在耙糊土壤中的水稻籽粒蛋白质含量较高，但原因不明。

2.5.3　施用除草剂对稻米品质的影响

日本、国际水稻研究所、Gomez 都先后证实，除草剂西玛臻在适宜的浓度和适宜的使用方法下，能提高糙米蛋白质含量，但易引起不实，不实程度与药剂浓度正相关，这种不实减产效应限制了它的使用范围。后来国际水稻研究所进一步试验证明，西草净在齐穗期亩施有效成分 35 g，能提高蛋白质含量，无不实之害。Palu 也指出，适量的敌稗、2，4-D、二甲四氯、草达净和阿特拉津在适当的施用方法下，均能提高蛋白质含量，其机理不详。稻米蛋白含量提高也可能与杀死杂草、改善稻株生长环境有关。

2.5.4　收获时间和方法对稻米品质的影响

收获是否适时，不仅影响稻米产量，也影响稻米品质，特别是碾米品质与外观品质。充分成熟能提高稻谷与精米产量，但整米产量剧烈下降，食味也变差；早收不成熟粒增多，米质变差。理论上，从结实粒大部分完全成熟到产生过熟粒之间的时间为最适收获期。关于最佳收获期的确定(仅从米质与产量来考虑)，前人曾作过不少研究，衡量标准有：谷粒成熟情况、开花后天数、稻谷含水量、开花后积温等。鉴于在不同成熟条件下水稻灌浆速度不同，一般用稻谷含水量、积温数、成熟度较为科学。

稻谷含水量：各研究者所得结果有些差异，Neal 通过四品种三年试验指出，最佳收获期的稻谷含水量为 19%～22%。Ten Have 指出在产量最高、米质最好的收获期的稻谷含水量为 19.5%。Bhol 等用四品种试验指出，稻谷含水量在 20%～30%时产量最高，14%～15%时显著减产。Kuiper 指出，稻谷含水量在 19%～21%时已完全成熟，含水量继续下降则碎米率同步提高。印度 Govndasaw 和 Ghosh 报道，稻谷含水量在18%～23%时(此时约为开花后 27～29 天)整米产量最高。加州稻农反映，稻谷含水量 22%～26%时整米产量最高。阿肯色州稻农反映，稻谷含水量 18%～27%时整米产量最高，早收者穗头轻，粉质粒、垩白粒多，迟收则碎米多。Abdal Malick 的结果是含水量 22%～23%是最佳收获时期。

开花后天数，各研究结果也有差异。Nangiu 和 Datt 报道，旱季最佳收获期在抽穗后 28～34 天，雨季为 34～38 天，因为旱季成熟期高温强光成熟快。陆稻比直播稻和移栽稻成熟更迅速。马来西亚的 Hohachi 指出，灌浆饱粒率在成熟后 34 天最高，次日产量及容重最大。日本 Eikichi 认为抽穗后 30～35 天最适。韩国有学者认为极早熟品种、早熟品种、中熟品种、中晚熟品种的收割适期分别是抽穗后 40、40～45、45～50 和 50 天。综合上述，最佳收获期究竟是抽穗后多少天，应视抽穗后气温、稻株生育状况、品种特性而定。

开花后积温：日本福岛县的研究者指出，抽穗后积温达到 1 100 ℃时，碎米略增，但产量高，青米死米少。秋田县的研究者指出从收获、干燥、贮藏、外观、食味品质几方面综合考虑，抽穗后积温达到 1 000 ℃时为收获适期，在 1 200 ℃内收获，碎米、色泽、检验等级都不明显变差。健壮水稻更耐迟收，积温 1 500 ℃时碎米也不明显增多。韩国以 1 100 ℃～1 200 ℃为收割适期。

收获方法对稻米品质的影响主要从两方面考虑：(1)收获时稻体及稻株的含水量；(2)收获后是否及时干燥，日本认为机械干燥时，热风温度应控制在 30 ℃～50 ℃，使稻谷温度保持在 35 ℃以下为好。干燥温度过高会增加裂纹米粒和碎米，并降低光泽和食味。

2.5.5　贮藏因素对稻米品质的影响

稻谷在仓储期间整米率、精米率、AC、PC 基本稳定，但其他品质还有很多变化。在常温下，随着贮藏期的延长：(1)脂肪被水解，米中游离脂肪酸增加，米溶液的 pH 下降，游离脂肪酸可导致米粒酸败，又可与直链淀粉结合成脂肪酸－直链淀粉复合物，抑制淀粉粒膨胀，使 GT 提高，煮饭时间变长，饭质变硬。(2)蛋白质的-SH 基被氧化成-S-S-键，使黄米增多，米的透明度和食味变劣。(3)米中的游离氨基酸和 VB_1 迅速减少。粳稻在贮藏中的劣变速度快于籼稻，仓库缺乏通风设备亦加速劣变。劣变速度精米＞糙米＞稻谷，低温低湿(10 ℃～15 ℃，相对湿度 70%，稻谷含水 14.5%～15%)，或充以 CO_2 都有延长保质期的效应。

2.5.6　插秧因素对稻米品质的影响

培育中苗壮秧，适期早插，有利于优质稻米生产。小苗由于弱小分蘖多，抽穗延迟。过早插秧由于成熟期过早，增加裂纹米；过晚插秧亦由于抽穗延迟，未熟粒增多并且会增加心腹白米。栽培密度对稻米品质的影响：在适宜密度条件下（$15.0\sim18.7$ 穴·m^{-2}），行距 30.0 cm，株距 20.0 cm，蛋白质含量较高，垩白率和直链淀粉含量较低；栽培密度过密（>25 穴·m^{-2}）或过稀（<12.5 穴·m^{-2}）都会导致稻米品质下降（王成瑷等，2004）。

第 2 篇　稻米品质形成的发育与
遗传学基础

第 3 章
稻米外观品质与蒸煮品质的形成

3.1　胚乳组织的形态发生

本节的主要内容，除非特别注明均引自日本学者星川清亲的系列研究。

3.1.1　糙米的发育

(1)糙米外形的发育

据星川(1975)等研究，从受精的第二天开始，子房外形开始发生变化(图 3.1-1、图 3.1-2)。首先主要是进行纵向伸长，约在第 3 天超过粒长的一半，5～6 天后达到粒的顶端，完成粒长度的增加，此时的籽粒呈向内颖一侧倾斜状伸展。长度增加完成后粒宽开始通过腹部肥大而旺盛增加。起初米粒呈腹面内凹、背面外凸的形状。到第 15～16 天，达到最终粒宽。粒厚的增加最为缓慢，持续时间超过 20 天，大约在 25 天时达到最宽。因此籽粒大约在 25 天完全建成外形尺寸，但内部的充实仍然持续。大约 30 天，随着籽粒内容的充实，粒外廓尺寸稍有减少，果皮的叶绿素消失，显出糙米本来的颜色和特有的光泽，并稍稍透明化。这时如果透过光来看，可以辨别出腹白与心白。不久，谷壳也因叶绿素消失而变为金黄色。通常第 45 天左右迎来了完熟期。但糙米顶点的花柱、柱头的痕迹完熟时也清晰可见。但是，我们课题组最近(高燕硕士论文，2010)观察到，星川的结果仅是糙米整体形成的主要轮廓，不同粒位由于灌浆条件存在差异，糙米的长、宽、厚均可以持续伸长到开花后 30 天左右，不过主要伸长幅度的完成时间与星川的结果基本一致，而后续伸长的幅度较星川所观察到的伸长幅度要小得多。

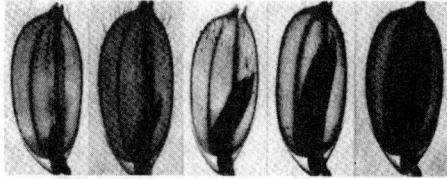

花后1日　花后2日　花后3日　花后4日　花后5日

图 3.1-1　利用软 X 射线透过法观察到的颖壳内部子房发育过程

（松岛省三ほか，1957）

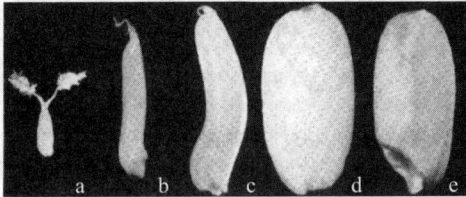

a: 开花当日　b: 2日后　c: 6日后　d: 25日后　e: 45日后

图 3.1-2　糙米（子房）发育过程

（星川，1975）

糙米虽然几乎充满颖壳，但由于颖壳的横断面不是圆形，内外颖的各侧棱部均向外突出，糙米肥大也沿着这个空间态势而进行，糙米两侧面各有两条向外突出的棱，因此整个糙米粒横断面形成钝圆的六角形（图 3.1-3）。

（2）糙米内部的发育

随着糙米形态的发育，胚乳组织也随着贮藏物质的蓄积而开始变得透明化（图 3.1-4），从籽粒横断面来看，一般地，受精 10 日后，中心部开始透明化，而周围仍然是乳白色，之后透明化部分自中间渐次向周围扩大，透明化部分的面积与灌浆进程成正比的关系，到了 20 日，仅在周边一圈残留不透明的白色部分，到 30 日达到全部透明化。可以将透明化程度分为 6 级，据此可用肉眼简易地对灌浆进程进行数字化判别。

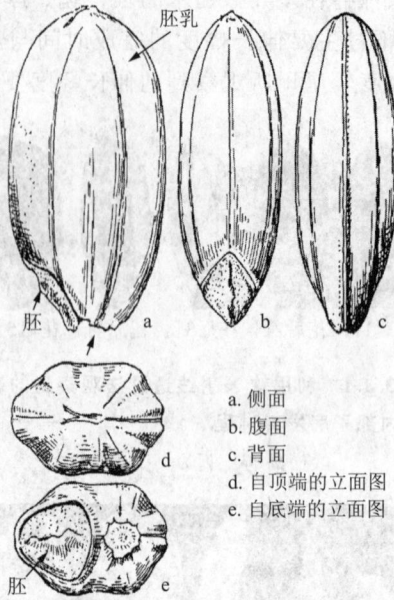

a. 侧面
b. 腹面
c. 背面
d. 自顶端的立面图
e. 自底端的立面图

图 3.1-3   成熟糙米的外形

（星川，1975）

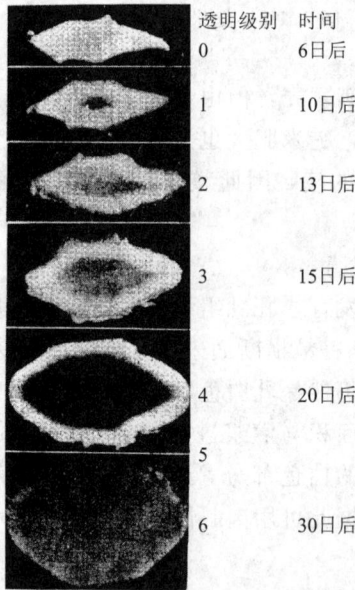

透明级别	时间
0	6日后
1	10日后
2	13日后
3	15日后
4	20日后
5	
6	30日后

图 3.1-4   糙米发育与透明化过程

（星川，1975）

3.1.2　胚乳组织的形态建构

(1)胚乳的初期发生(图 3.1-5)

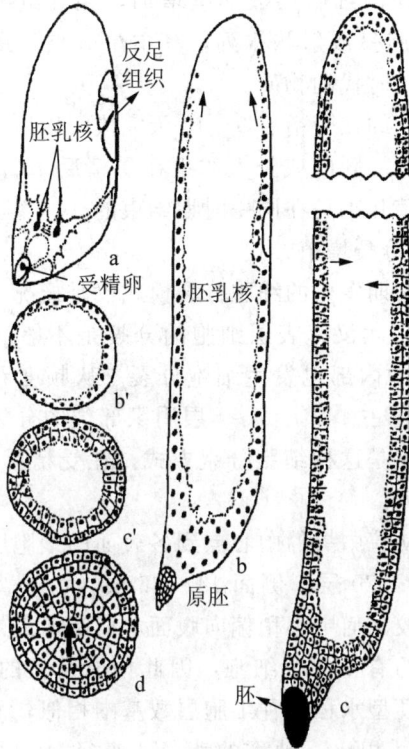

图 3.1-5　胚乳核的分裂增殖示意图

(星川，1975)

a. 受精结束后胚乳原核分裂变成两个
胚乳核；b(b′). 第 3 日的组织纵(横)
断面，核沿子房壁分裂，向顶端平
铺；c(c′). 第 4 日的组织纵(横)断
面，核向内分裂变为两层，形成胞
壁；d. 第 4 日到第 5 日，胚乳细胞向
胚囊腔内填埋，箭头示胚乳中心点。

　　由于受精，极核变成胚乳原核，胚乳原核在受精后的几个小时内分
裂变成两个核，以后自胚端向顶分裂，沿壁形成一层没有细胞膜包被的
游离核，这些游离核通过原生质相连。之后，第一层细胞核几乎同时向
内分裂，形成第二层游离核。水稻的这种胚乳形成方式称为核型胚乳。
大约从受精后 3.5 天开始，胚乳核自胚端开始细胞化，并迅速达到末端。此后的胚乳细胞增殖就以细胞分裂的方式进行，但细胞分裂主要是由最外层细胞完成的，因此胚乳的细胞层增加是外层分裂细胞向内填埋的结果。大约在花后 5 天胚乳细胞充满整个胚乳腔。之后由于表层细胞继续分裂，胚乳组织的细胞层数继续增加，胚乳组织日渐扩大，到第 10 天左右，胚乳细胞呈放射状排列，其中中心点是最古老的、在受精的第二天形成的"核"时代的物质。

胚乳细胞增殖大约在受精后 9～10 天完成，以后由于各细胞的充实肥大而导致胚乳增大。胚的成长大约也在受精后 10 日结束，因此胚与胚乳的细胞分裂增殖几乎是在同一时期结束的。

(2)胚乳细胞的分裂增殖方式

前面所述胚乳初期发生的细胞分裂模式仅是概况。胚乳细胞从中心点呈放射状排列，因此仅有表层细胞的分裂是不够的。从表层开始的 2～4 层，甚至更深的内部也发生细胞分裂。从频度看，表层细胞增殖占总数的 86％，内部占 14％。2～4 层周缘部位的分裂起到对细胞排列进行微调的作用。正是这种细胞分裂方式，在受精后 10 天左右才能成为整齐的放射状排列。

据星川研究，从粒中央的中心点到各表面的细胞层数大约是：腹面 15～16 层，背面 19～20 层，侧面 14～16 层，由于背径较腹径细胞层数多，所以中心点较几何中心稍偏向腹面。横断面最外周大约有 200 个细胞，纵径方向大约有 150 个细胞，因此构成全粒的总细胞数约有 18 万个。日本栽培的粳型水稻品种细胞层数基本相似，而陆稻的各径细胞层数均稍多。与粳稻相比，籼稻的背径、腹径分别少 4～8 层、2～3 层，纵径则多 20～30 层，有些稻米甚至多达 100 层。也存在背腹径细胞层数相近或腹径多的籼米。

胚乳细胞是按照一定的时间节律和位置进行规律性分裂的，一天中，深夜到清晨进行，白天几乎不进行细胞分裂。

(3)淀粉贮藏细胞的肥大生长(图 3.1-6)

胚乳细胞分裂结束后胚乳组织表层部分将来分化成糊粉层，内部的所有细胞都发育成淀粉贮藏细胞。

淀粉贮藏细胞的肥大生长开始时间因部位不同而异。开花后 10 日之前组织中心部开始肥大生长，10 日后所有的细胞肥大生长，15 日左右中心部肥大生长结束，以后生长结束顺次向周边发展，在开花后 30 日左右最外周内接糊粉层的细胞最后结束生长。

细胞肥大生长后形成的形态特征也因在细胞中的组织位置不同而异。根据成熟粒的特征来看，粒的纵断面细胞除顶部外全部呈席子花纹

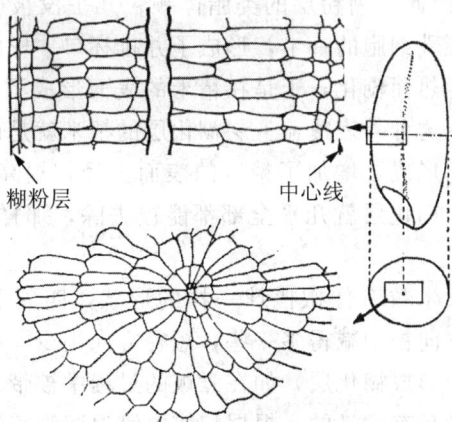

图 3.1-6　成熟糙米断面示意图
上左：纵断面，下左：横断面
（星川，1975）

样的横向伸展，纵向几乎不伸长；从横断面来看，沿背腹径方向呈细长的棒状，但是在侧面则呈扇形或多角形。越靠近周边的细胞肥大程度越小，呈四角形或多角形的小细胞。不同位置的细胞形态特征是由水稻的遗传特性决定的。

(4)糊粉层的分化与发育

完熟粒的糊粉层位于胚乳最周边，腹面 1～2 层，侧面 1 层，背面(特别是接近通道组织的部分)3～5 层。在前面胚乳细胞的初期发生中介绍过，胚乳细胞是由外向内填埋的，大约在第 9 天最外层细胞最后停止分裂，如果最外面有两层分裂的细胞则都变成糊粉层。

3.2　灌浆过程米饭质地的变化

玉置雅彦(1989)等分析了糯米和非糯质稻米在谷物发育过程中米饭质地的变化特征，认为伴随成熟过程，米饭的咀嚼性下降，而黏着性和食味指数值增加。这种减少和增加的趋势在出穗后 30～40 天后趋于平稳。因此，用青米(未成熟的稻米)蒸煮的米饭往往较硬且黏着性较差。

3.3　碾精及淘洗过程的形态学

日本学者松田智明(1988～1989)研究小组的研究认为：糙米在研磨的过程中，果皮和糊粉层(连同胚乳细胞的第 1 层与第 2 层的细胞的一半)被一起除去，因此，糊粉层的类脂体颗粒几乎没被破坏。精米的表面露出了第 2 层胚乳细胞的一半，形成了并排杯口一样的状态，杯内的淀粉粒由于摩擦生热而糊化，于是在精米的表面形成了 1/100 mm 厚的薄板状的糊化层。这种外表覆盖一层糊化层的精米就是市场上流通的大米。由于糊化层的形成，增加了精米的表面光泽，提高了其外观品质。但要是磨得过度，糊化层就几乎全部都能被去除，那样的米光泽降低，外观品质下降。

但是，因为大米粒有像橄榄球一样的形状，四周不能被均等地削掉，一般在长轴方向被削减得多一些，短径方向则少一些。

磨米的过程中形成糊化层，如在煮饭的过程中被带入将会降低米饭的食味，因此洗米是有意义的。根据扫描电镜追踪观察洗米的过程，糊化层只要轻轻一洗，就很容易脱落，因此，洗米应控制在能把糊化层洗掉使之不带入米饭内就可以了。洗米的结果，大米粒表面(第 3 层，有一部分是第 4~5 层)胚乳细胞露了出来，如果进一步洗米，会使细胞内淀粉粒露出。

如果进一步仔细地洗米的话，会使第 3 层胚乳细胞中包含的淀粉粒和蛋白质颗粒被冲刷掉。淀粉粒的流失是损失，但对除去蛋白质却有很大的意义。仔细地洗米会使饭表面结构较为发达，这种倾向在蛋白质颗粒积累较多的、食味水平较低的大米中得到广泛承认。

3.4　浸泡与煮饭过程饭粒形态的变化

本节的主要内容，除非特别注明，均译自日本学者松田智明研究小组的系列研究结果。

3.4.1　浸泡与米粒形态变化

浸泡过一定时间后的生米米粒表面开始发白，且稍有膨胀，一般表面有少许裂缝。内部的胚乳贮藏细胞、胚乳贮藏细胞中的淀粉体及淀粉体内部单个淀粉粒之间的靫裂明显增加(图 3.4-1)。

以足量的水浸泡粳糯米与粳型非糯米，其吸水表现有一定差异。表现为：粳型非糯米浸水 30 min 后吸水速度明显减缓，在 40 min 以后的时间里吸水很少；而粳糯米在浸泡 60 min 左右吸水速度才降低，且粳糯米的最终吸水率大于粳型非糯米(马娟，2005)。

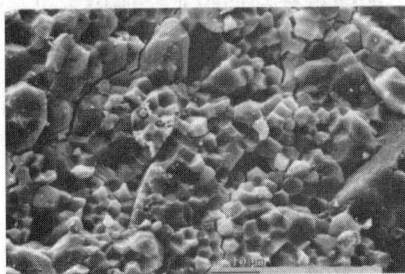

图 3.4-1　粳米经淘洗水浸 30 min 后的胚乳断面

(马娟，2005)

3.4.2　煮饭与饭结构变化

粳米在煮到水沸腾以前时变化很少，只是米粒表层的淀粉开始溶化。沸腾后淀粉粒的表面迅速变成糊状，最初以淀粉体为单位黏合在一起，然后以细胞为单位黏合在一起，淀粉的糊化由米粒的表层进入内部（图 3.4-2）。由于淀粉糊化而形成微细的孔隙（图 3.4-2 右侧）。煮饭前就存在的皲裂面糊化早，其中的淀粉粒便具有了流动性。

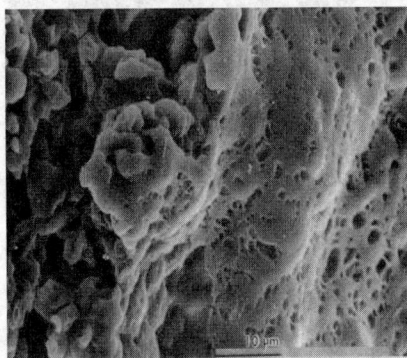

图 3.4-2　煮饭开始 20 min 的粳米

(高桥一典，1996)

随着糊化的膨胀过程，包埋的淀粉体和细胞壁被断开，很多细胞壁被分解，但低食味米则有很多细胞壁没被分解而残留在里面（图 3.4-3）。这些膜结构的分解程度和糊化开始的快慢有着密切的关系。

在很多的情况下，在煮饭过程中蛋白质颗粒直径约只膨胀两倍，几乎不被分解，而留在饭中（图 3.4-3）。蛋白质颗粒存在于细胞内淀粉颗粒之间、淀粉体之间和细胞壁之间的缝隙中，夹在和功能蛋白质构成的膜结构之间。煮饭而膨胀了的蛋白质颗粒直径在 1/500～3/500 mm 左右，是人不能用牙齿能够感觉到的大小，所以不可能干预到米饭的食用味道。同时，蛋白质颗粒在好吃的米中容易分解，不好吃的米中容易残留，因此蛋白质分解产物不可能导致低食味化。

低食味米表层结构发育不好，其糊粉层内包含着大量的蛋白质颗粒，同时，低食味米与印度长粒米米饭的表面都呈熔岩状的结构，这种结构的内部包含着大量的蛋白质颗粒，从表面就可以直接分辨。

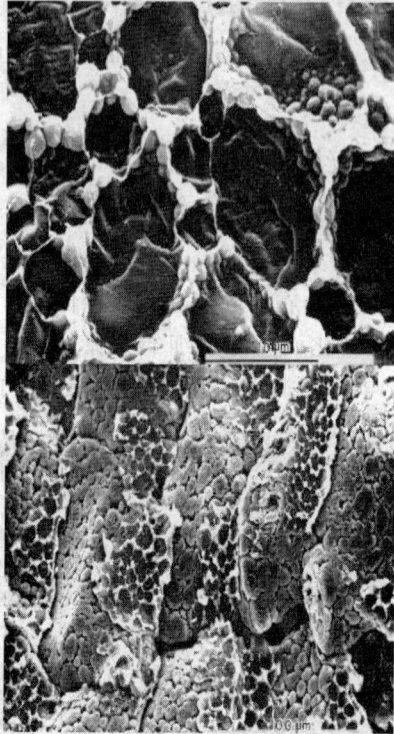

图 3.4-3　煮饭过程中饭粒内部没有被分解的蛋白质颗粒(上)及淀粉体膜与细胞壁(下)

（松田智明，1989）

正因如此，蛋白质颗粒物通过对热运动物理性的阻碍而阻碍了淀粉糊化的发展，如果无表层发达的构造或者包含大量蛋白质颗粒，都能导致米饭表面向熔岩状结构发展。这也是蛋白质含量与食味呈负相关的原因之一。但是，并不是被分析出来的全部的氮与低味化有关系，需要按其来历重新考虑与味道的关系。

在水中充分浸泡的糯米比粳米更早开始且更加迅速的全面糊化。煮饭刚刚结束后，糯米饭表层部分由线状的糊组成的网眼状结构发达（图 3.4-4），而粳米则糊化速度慢，几乎看不见网眼状结构（图 3.4-5），这 完全是由于二者直链淀粉含量不同造成的。浸水不充分的情况下，糯米 和粳米表层结构会很相似，但内部结构却迥然不同。

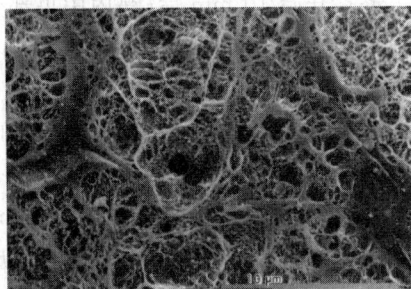

图 3.4-4　刚刚煮完的糯米饭表面结构
（松田智明，1988）

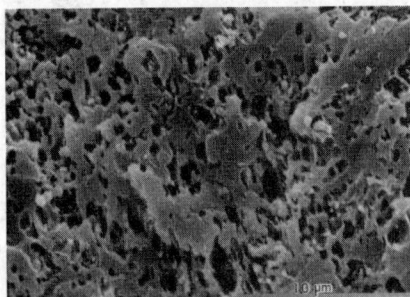

图 3.4-5　刚刚煮完的粳米饭表面结构
（松田智明，1989）

　　大米的糊化过程也因结构不同而存在不同。心白米的中心部较周边 糊化早，淀粉粒便具有了流动性，因而形成空洞（图 3.4-6）。

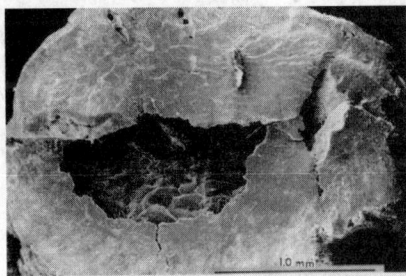

图 3.4-6　刚刚煮完饭的心白米断面
（松田智明，1989）

3.4.3　淀粉粒及淀粉体的变化

上述米饭形态的外部变化是由构成胚乳的淀粉体及淀粉体内的淀粉粒的变化而引起的。高桥一典等(2001)研究了越光煮饭过程中淀粉粒及淀粉体的变化发现，蒸煮开始 10 min 后(锅内中央部分 45 ℃)，淀粉体包膜开始从表面分解，15 min 后(51.3 ℃)，淀粉体内部原来长径方向 3～4 μm 的淀粉粒膨润为 4.5～5 μm，精白米表层第一层细胞内的淀粉粒开始出现纤维状的米糊，形成网眼结构，网眼状的结构由外向内发展。由于淀粉体内部淀粉粒的网眼状结构相互融合，一体化变成不定形的糊状，最终使淀粉体成为不定形的糊状体。20 min 后(98.5 ℃)，在表面形成微细而网眼扩大的骨架构造(图 3.4-2)，形成以淀粉体为单位的不定形糊状构造，25 min 后(98.5 ℃)，形成以细胞为单位的不定形糊状构造，这种构造由表面逐渐向内部发展。

第 4 章
籽粒充实度变异及其与稻米品质关系

　　籽粒灌浆的结果是使籽粒结实，但结实并不等于籽粒最终是饱满的。所以就产量表现来看，从灌浆过程或结果出发，研究充实（程）度将更有意义。在现代水稻育种与栽培中，籽粒充实度差的现象普遍存在，它已成为制约水稻品种产量潜力进一步发挥的瓶颈。本章与第 5 章分别利用比重和粒厚两个指标研究充实度变异。本章以 1980 年以来辽宁省生产上有一定推广面积的 30 个代表性品种为试材，对籽粒充实特性进行研究。

4.1　籽粒充实状况

4.1.1　粒数和粒重的穗位构成分析

　　自 1979 年辽粳 5 号育成以来，生产上大量利用直立穗（形）型品种是辽宁水稻生产的一个特点。为了更加准确，本研究首先将一穗上的籽粒，按粒位分为上部一次枝梗、上部二次枝梗、中部一次枝梗、中部二次枝梗、下部一次枝梗、下部二次枝梗 6 个粒位，并分别用 UPB（上一）、USB（上二）、MPB（中一）、MSB（中二）、LPB（下一）、LSB（下二）表示。由图 4.1-1、4.1-2 可看出，不论何种穗形品种其穗内籽粒分布都是中部籽粒较多，下部次之，说明中下部籽粒数对产量潜力有较大的影响。在一次枝梗上，籽粒粒数百分比（一次枝梗总粒数/全穗颖花数×100%）、粒重百分比（一次枝梗总粒重/全穗粒重×100%）和糙米重百分比（一次枝梗糙米总重/全穗糙米总重×100%）三个指标依次升高，但中下部二次枝梗三个比例则渐次降低，这又进一步说明同样数量的籽粒由于所处的位置不同，其能形成的糙米重量有别，因而对产量的影响不同。综合而言，中部籽粒对产量的实际贡献率较大。

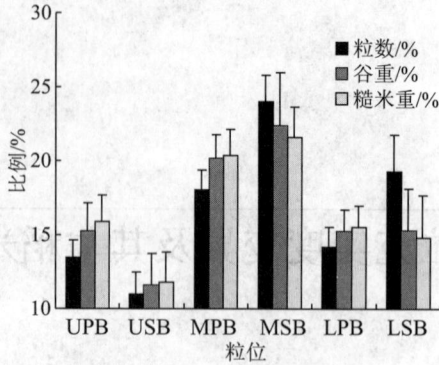

图 4.1-1   直立穗型水稻品种不同粒位籽粒分布

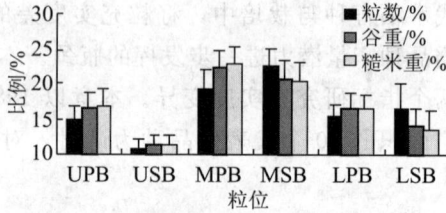

图 4.1-2   弯穗型水稻品种不同粒位籽粒分布

4.1.2   不同充实度籽粒构成

图 4.1-1 和图 4.1-2 中同一粒位籽粒的粒数百分比与粒重百分比差异原因是同样数目的籽粒由于着生位置不同导致粒重不同。这里将籽粒用不同比重的盐水加以区分，共分成比重大于 1.06、比重介于 1.06 与 1.04 之间、比重介于 1.04 与 1.02 之间、比重介于 1.02 与 1.00 之间和比重小于 1.00 的五种组分，分别用 C1、C2、C3、C4、C5 表示。由图 4.1-3 可见，单株籽粒中 C1 籽粒占绝大部分，其粒数、粒重、糙米重百分率分别为 69.26%、79.22%、82.23%；其次为 C5 籽粒，其粒数、粒重、糙米重百分率分别为 18.81%、8.60%、5.93%，且二者品种间差异较大。C2 籽粒三个比例品种间存在一定的差异，C3、C4 品种间差异不明显。说明 C1、C5 籽粒的百分率可能从相反方向度量了品种的充实能力，从采用的指标来看，似以 C1 糙米重百分比和 C5 粒数百分比

为佳。C5 粒数百分比正是广泛采用的结实率。

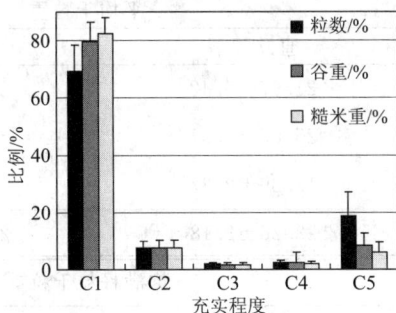

图 4.1-3　水稻品种不同籽粒的充实程度

4.1.3　籽粒充实与千粒重的关系

千粒重作为量化籽粒充实度的重要指标，与籽粒充实有着密切的关系。前人研究认为，水稻先开颖花(强势花)具有优先获得灌浆物质的能力，灌浆启动早、强度大、结实率高、粒重大、容易形成饱满粒；后开颖花(弱势花)则相反，结实率低，粒重小。因此，不同粒位的籽粒千粒重因籽粒充实状况不同而存在着一定的差异。

从表 4.1-1 可看出，同一部位弯穗型品种籽粒千粒重大于直立穗型品种，这可能主要是由于在品种选育过程中造成的基因型差异。两种穗型最高千粒重呈现的部位不同，直立穗型品种为上部一次枝梗，弯穗型品种则是中部一次枝梗。就同一穗型而言，一般不同部位一次枝梗间千粒重差异较小，饱满籽粒千粒重最高值出现在中部一次枝梗。而同一粒位一次枝梗平均千粒重和饱满籽粒千粒重较二次枝梗的都大，特别是穗的下部二者差异更大。表 4.1-2 的新复极差测验结果进一步表明，不同部位一次枝梗间饱谷千粒重和平均千粒重相差较小，而同一部位一二次枝梗间两者相差较大，因此充实问题主要是二次枝梗充实不良，尤其是下部二次枝梗平均千粒重和饱满籽粒千粒重均较低。

表 4.1-1　水稻不同部位千粒重的类型间差异(M+s)

部位	平均千粒重	
	直立穗型	弯穗型
UPB	26.07±2.00	26.67±1.76
USB	24.33±1.96	24.53±2.36
MPB	26.06±2.85	27.50±1.24

续表

部位	平均千粒重	
	直立穗型	弯穗型
MSB	21.97±5.42	21.87±2.84
LPB	25.05±1.97	25.67±2.43
LSB	18.39±2.37	20.16±3.25
全穗	23.26±2.18	24.23±2.15

部位	饱满籽粒千粒重	
	直立穗型	弯穗型
UPB	27.00±1.94	27.90±1.92
USB	26.10±1.79	26.87±2.15
MPB	26.89±2.04	28.94±1.21
MSB	25.96±5.94	26.49±1.74
LPB	26.80±1.71	27.65±2.18
LSB	24.01±1.94	25.67±0.80
全穗	26.23±1.97	27.41±1.39

注：U：上部，M：中部，L：下部，P：一次枝梗，S：二次枝梗。

表 4.1-2　不同部位间平均千粒重和饱谷千粒重比较

部位	平均千粒重		
	均值	5%显著水平	1%极显著水平
UPB	26.25	ab	A
USB	24.38	c	B
MPB	26.49	a	A
MSB	21.93	d	C
LPB	25.23	bc	AB
LSB	18.91	e	D

部位	饱谷千粒重		
	均值	5%显著水平	1%极显著水平
UPB	27.26	ab	A
USB	26.33	ab	A
MPB	27.50	a	A

部位	饱谷千粒重		
	均值	5％显著水平	1％极显著水平
MSB	26.11	b	A
LPB	27.05	ab	A
LSB	24.50	c	B

注：U：上部，M：中部，L：下部，P：一次枝梗，S：二次枝梗。

根据上述分析，本书对充实率作如下数量化定义：

每一部位籽粒充实率按下式计算：

籽粒充实率(％)＝

　　二次枝梗籽粒平均千粒重/一次枝梗籽粒千粒重×100％　(4.1-1)

全穗籽粒充实率按下式计算：

　　　　中、下位籽粒平均千粒重的加权平均数/中、上位籽粒

　　　　　　　　千粒重的较大值×100％　　　　　　　(4.1-2)

4.1.4　籽粒充实率差异

从图 4.1-4 可知，不考虑粒位间的差异，弯穗型品种籽粒充实率大于直立穗型品种。而从不同粒位的充实率差异来看，直立穗型品种上中位粒的充实率大于弯穗型品种，但下位粒远小于弯穗型品种，即主要由于直立穗型品种下位粒充实不良导致全穗的充实率降低。从不同粒位充实率的品种间差异来看，直立穗型品种上部充实率仍存在较大变异。

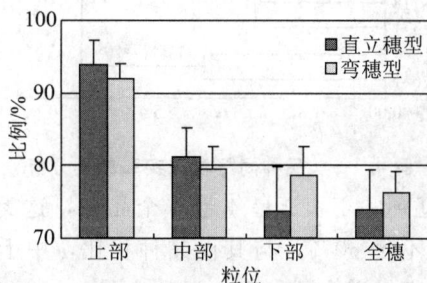

图 4.1-4　不同类型水稻品种充实率的差异

同时发现，以"十五"期间辽宁省选育的优质高产直立穗型品种辽粳294 作为对照，2000 年以来选育的直立穗型品种籽粒充实率较 20 世纪90 年代反而有所下降，籽粒充实率以辽粳294 为最高；而弯穗型品种

中沈农 8718、辽粳 371 籽粒充实率都高于辽粳 294。因此，今后广大育种工作者应加强对提高直立穗型品种籽粒充实率的重视。

4.1.5　粒位间籽粒充实率差异分类

对 30 个品种依籽粒粒位间充实率差异进一步进行聚类分析，在欧氏距离 5.47 处，可将 30 个品种分为 3 类(见图 4.1-5)，第一类型为辽粳

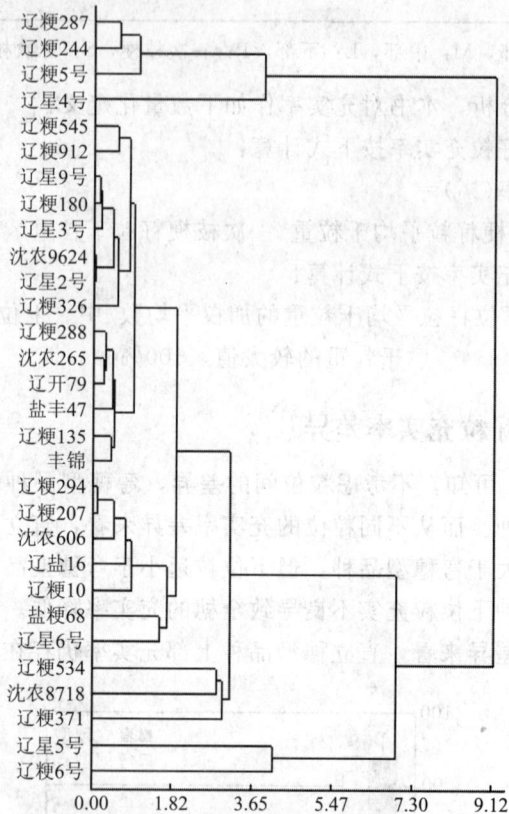

图 4.1-5　品种间籽粒充实率聚类分析

5 号、辽粳 287、辽粳 244 和辽星 4 号 4 个品种，这类品种籽粒充实率较低，全穗充实率不足 60%，与其他品种相比，中下部枝梗的充实率较差，可能影响其产量潜力的发挥；辽粳 9 号、辽粳 294、辽粳 454 等多数品种集中在第二大类，全穗充实率在 60%~85%，充实率随着粒位的下降而下降，其中辽粳 534、沈农 8718 和辽粳 371 可自成一小类，整个穗部的籽粒充实率差异很小，说明粒间养分分配较为均匀；第三类品种只包括每穗粒数少而稀的辽星 5 号和辽粳 6 号，这两个品种在充实

率上一个显著的特点就是下部枝梗籽粒的充实率非常好，甚至不低于中部枝梗，从而全穗籽粒充实率呈现较高水平。从聚类图可以看出，同一穗型品种之间表现出充实率特点的多样性，弯穗型中存在充实率较差的品种，而直立穗型中也有一些品种表现出良好的充实特性，由此可知，籽粒充实不良存在着多种类型，对籽粒充实度进行遗传改良及亲本选择具备可行性。不同年代育成的品种，在充实率上并未表现出明显差异，说明在大多数品种选育过程中充实率未作为一个重要的选择指标，这是一个值得注意的问题。

4.2 籽粒充实率与植株农艺性状的关系

4.2.1 植株农艺性状比较

由表 4.2-1 得知，两种穗型品种的农艺性状在品种间差异较大，直立穗型品种大部分性状要优于弯穗型品种，直立穗型品种群体较大，每穴穗数比弯穗型品种多将近 5 个，每穗的枝梗数增多，穗粒数平均多达 165.63 个，比弯穗型品种多 45 粒以上，容纳充实物的库容充足。但在籽粒性状上直立穗型品种明显不如弯穗型品种，结实率和千粒重均低，尤其千粒重与弯穗型品种相比低了 1 g 多，这可能是籽粒大小和充实不良造成的。在最终产量形成上，直立穗型品种的单穴粒重为 46.8 g，而弯穗型品种为 43.59 g，前者要高于后者。如果考虑到直立穗型品种充实率低的情况，采取措施提高直立穗型品种的籽粒充实率将是使其高产潜力得到发挥的一条有效途径。

表 4.2-1 不同穗型品种植株农艺性状比较

性状	直立穗型	弯穗型
穗数/穴	15.52±2.36	12.63±2.01
粒数/穴	2 056.02±224.83	1 817.26±213.26
穗长(cm)	18.5±1.02	21.89±1.63
枝梗数/穗	13.28±0.99	10.3±1.33
穗粒数/穗	165.63±22.11	120.56±28.97
单穴粒重(g)	46.8±4.02	43.59±4.07
结实率(%)	81.16±7.41	81.45±9.93
千粒重(g)	22.89±1.61	24.14±2.18

4.2.2 粒位间籽粒充实率与植株产量性状的相关性

为了探求提高水稻籽粒充实率的途径,以求在选育时得到充实率更好的品种,对不同粒位籽粒充实率与植株产量性状进行了相关分析(表4.2-2)。结果表明,水稻全穗的籽粒充实率与上中下各部位枝梗籽粒充实率关系均非常密切,但上部籽粒的影响程度相对较小,而中部影响较大,可能因为一般品种的上部籽粒充实率都较好,而中部枝梗上着生的籽粒数较多,其充实程度对全穗的充实率起到了决定作用。从相关关系看,穗数与中部枝梗的籽粒充实率显著负相关,而穗长与下部枝梗的充实率显著正相关,枝梗数与下部籽粒和全穗籽粒的充实率呈显著负相关,每穗粒数与中部和全穗籽粒的充实率为显著负相关,相反,千粒重则与这两部分的籽粒充实率呈显著和极显著正相关。上述结果表明,稻株农艺性状与籽粒充实率间存在着密切的相关性,穗数过多,穗子太短并且枝梗数和每穗粒数太多将导致籽粒充实程度较差。因此,在栽培育种过程中注意穗部性状的改良将会促进充实率的提高,尤其是中下部籽粒充实率的提高能有效增加千粒重,从而增加收获产量。从本研究的结果看,穗部性状改良的方向可能是提高千粒重、增加一次枝梗数、减少二次枝梗数、降低穗粒数。

表 4.2-2 籽粒充实率与植株产量性状的相关分析

性状	上部	中部	下部	全穗充实率
全穗充实率	0.631**	0.894**	0.812**	1
穗数	−0.213	−0.392*	−0.156	−0.266
穗长	0.13	0.096	0.362*	0.219
枝梗数	−0.118	−0.031	−0.359*	−0.357*
每穗粒数	0	−0.378*	−0.332	−0.383*
穗谷重	0.316	0.244	0.093	0.125
千粒重	0.233	0.354*	0.3	0.488**

注:* 表示达 5% 的显著性,** 表示达 1% 的显著性。

4.3　籽粒充实与稻米品质的关系

4.3.1　籽粒充实与糙米品质的关系

(1)籽粒充实与糙米率的关系

在除去稻壳厚、重等差异的影响下，所得糙米能够在一定程度上体现出稻壳内部籽粒的填充状况，因此，在稻谷的产量中，糙米重更能体现真实产量状况。表 4.3-1 列出了粒位间不同充实度籽粒的出糙情况，从中可知，籽粒充实与糙米率有如下的关系：①籽粒充实度与糙米率变化趋势一致，二者存在极显著的正相关关系，当籽粒的充实度在 C1 以上水平时，两种类型水稻的糙米率均大于 81%，达到一级优质粳稻谷标准；当充实度在 C1 以下时，稻谷糙米率低于 81%；在充实度是 C5 时，籽粒糙米率仅为 50% 左右。可见在同等稻谷产量水平下，充实度的不同将导致最终获得稻米产量的不同，而稻米产量才是真正能为人们所利用的。②不同粒位间籽粒糙米率的平均表现为上部＞中部＞下部、一次枝梗＞二次枝梗，与粒位间籽粒充实率大小变化趋势一致；但充实度相同的籽粒，因为分别着生于一次、二次枝梗上，糙米率却存在着差异，二次枝梗籽粒糙米率＞一次枝梗，并且处于穗子中部粒位籽粒的糙米率更高一些，其产生原因还需要进一步的研究。③不同穗型籽粒糙米率差异表现为直立穗型籽粒糙米率稍低于弯穗型，但并非各粒位均如此，直立穗型品种上中部籽粒的糙米率较弯穗型还要更大，但下部籽粒的糙米率低于弯穗型，这与充实率的情况相同。因此提高下部籽粒充实率是改善直立穗型水稻出糙指标的一个方法。直立穗型水稻不同充实度籽粒的糙米率变异大于弯穗型水稻，直立穗型稻粒内籽粒充实程度差异较大，这将导致直立穗型稻米整齐度较差，影响稻谷的碾米品质。

表 4.3-1　粒位间不同充实度籽粒糙米率比较

粒位	直立穗型糙米率（%）					
	C1	C2	C3	C4	C5	平均 Mean
UPB	81.5	79.2	75.4	74.4	42.4	80.6
USB	81.9	80.8	78.3	78.3	53.7	78.6
MPB	81.7	80.1	78.3	77.0	47.7	80.6
MSB	81.9	81.1	79.7	79.4	56.7	78.0

粒位	直立穗型糙米率（%）					
	C1	C2	C3	C4	C5	平均
LPB	81.6	79.9	78.0	78.2	50.2	79.8
LSB	81.8	80.9	79.0	78.6	53.9	75.9
平均	81.7	80.3	78.1	77.5	50.8	78.9

粒位	弯穗型糙米率（%）					
	C1	C2	C3	C4	C5	平均
UPB	81.3	79.6	77.9	78.2	49.0	80.6
USB	81.8	80.9	79.4	78.5	57.6	80.3
MPB	81.1	79.5	79.0	78.1	52.4	80.1
MSB	82.2	81.0	80.3	80.1	56.9	79.1
LPB	81.5	81.0	80.4	78.8	53.5	80.6
LSB	82.0	80.7	80.1	79.4	55.7	76.3
平均	81.7	80.5	79.5	78.8	54.2	79.5

（2）籽粒充实度与糙米质地的关系

通过前面的介绍，我们知道稻谷脱壳后会得到不同类型的糙米，糙米中各类粒质糙米构成比例称为糙米质地。整糙米粒率是指糙米中整糙米的粒重百分比，整糙米率高，碾精出米率也高。未熟米、受害米、死米碾精后多成为糠、碎米、粉质粒、基部缺损不全粒或米色不佳等不良精米，其粒重比率高，出米率和精米品质都将降低。

表4.3-2比较了两种穗型品种的糙米质地，从中可知，各类粒质所占糙米粒重比例分别为整糙米＞未熟米＞碎米＞受害米＞死米，其中整糙米率与未熟米率占绝大部分；与弯穗型水稻比较，直立穗型水稻整米粒率低、碎米粒率高，且未熟粒、受害粒、死米的粒重百分比稍高，因此直立穗型水稻在糙米性状上劣于弯穗型稻米。

表 4.3-2　不同类型水稻糙米质地比较

项目	直立穗型		弯穗型	
	平均值	标准差	平均值	标准差
整糙米率(%)	80.6	4.5	85.3	5.4
未熟米率(%)	16.5	5.0	12.9	5.4
碎米率(%)	2.1	1.4	1.0	0.7
受害米率(%)	0.6	0.5	0.5	0.3
死米率(%)	0.2	0.3	0.2	0.3

不同充实度籽粒粒位间整糙米率状况分析结果见图 4.3-1。总体上，

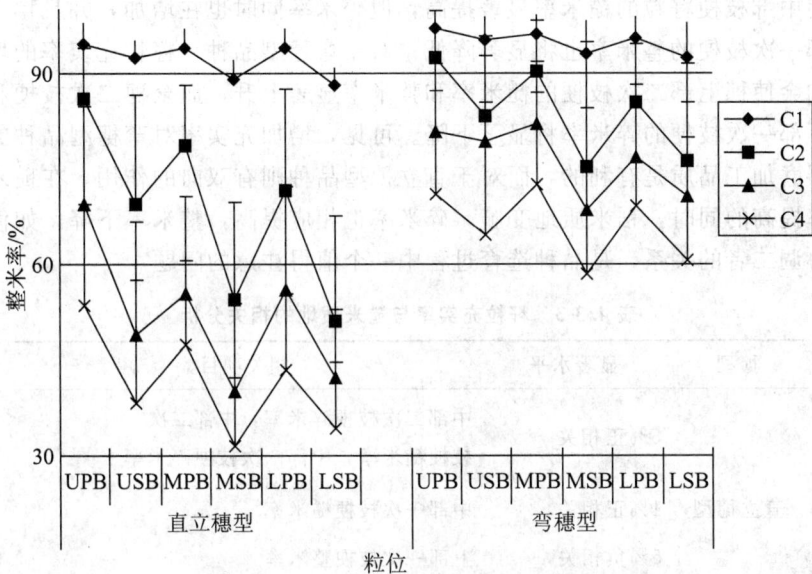

图 4.3-1　不同充实度籽粒粒位间整米率比较

整糙米率与籽粒充实度趋势一致，即籽粒充实度高，整糙米率亦高。粒位间整糙米率差异表现为上部＞中部＞下部、一次枝梗＞二次枝梗；C1 籽粒各粒位间整糙米率差异较小，其他充实度籽粒二次枝梗整糙米率显著降低，又以中部一二次枝梗差异较大；粒位间各充实度籽粒整米粒率存在穗型差异，直立穗型稻米整米粒率显著小于弯穗型，其一二次枝梗整米率差异大于弯穗型稻米。说明直立穗型水稻选育工作应加强对整米率性状的选育，并应注意选择粒位间整米率变异较小的育种材料。根据粒位间整糙米率差异表现为上部＞中部＞下部和一次枝梗＞二次枝

梗的情况，在品种选育中适当增加一次枝梗数而减少二次枝梗数，并且注意减少下部枝梗着生粒数，将有利于籽粒的充实，使直立穗型品种加工品质得到进一步提高。

(3)籽粒充实率与糙米质地的相关性

由籽粒充实率与糙米质地性状的相关分析得知，籽粒充实率与整糙米率、未熟米率的相关系数分别为 0.540**、−0.508**，说明籽粒充实率高，则整糙米率高、未熟米率低；整糙米率与未熟米率之间相关系数达到−0.966**，说明生产上采取措施保证稻谷的充分成熟可以显著提高整糙米率。

进一步分析表明，不同穗型品种籽粒充实率与糙米质地的相关性存在着粒位的差异(表 4.3-3)。对于直立穗型品种，籽粒充实率的增加会使中部枝梗籽粒的糙米率显著提高，但碎米率同时也在增加，并且穗上部一次枝梗的整米率也将显著降低；对于弯穗型品种，籽粒充实率的增加会使穗上部二次枝梗的糙米率和整米率显著上升，而全穗二次枝梗和下部一次枝梗的碎米率将显著下降。可见，增加充实率对弯穗型品种的碾磨加工品质是有利的，而对于直立穗型品种则有双向的作用，在糙米率提高的同时，稻米质地变脆，碎米率也相应提高，整米率下降。如何协调二者的关系，是品种选育过程中一个值得注意的问题。

表 4.3-3 籽粒充实率与糙米质地的相关分析

穗型	显著水平	相关项目
直立穗型	5%正相关	中部二次枝梗碎米率，中部二次枝梗糙米率，中部一次枝梗碎米率
	1%正相关	中部一次枝梗糙米率
	5%负相关	上部一次枝梗整米率
	1%负相关	上部二次枝梗未熟米率
弯穗型	5%正相关	上部二次枝梗糙米率
	1%正相关	上部二次枝梗整米率
	5%负相关	中部二次枝梗碎米率，中部一次枝梗未熟米率，上部二次枝梗碎米率
	1%负相关	下部一次枝梗碎米率，中部一次枝梗碎米率，下部二次枝梗碎米率

4.3.2 籽粒充实率与粒形的关系

(1)粒位与饱满粒形

粒形通常用米粒的长、宽及长宽比来表示,其值的大小与加工品质密切相关。当籽粒灌浆成熟不良时,米粒变化较大的是粒的厚度,厚度变薄的籽粒数增加,则整米粒百分率下降。但不同部位充实粒的特征可能与此并不相同,粒位间充实籽粒粒形性状结果见表 4.3-4。

表 4.3-4 粒位与粒形的关系

部位	直立穗型粒形			
	长(mm)	宽(mm)	厚(mm)	长宽比
UPB	5.15±1.86	2.82±0.82	1.96±0.44	1.85±0.39
USB	5.04±1.36	2.84±0.38	1.97±0.06	1.79±0.10
MPB	5.13±0.96	2.89±0.12	1.98±0.46	1.80±0.54
MSB	5.07±0.48	2.84±0.52	1.99±0.89	1.80±0.99
LPB	5.21±0.10	2.81±0.98	1.97±1.35	1.87±1.40
LSB	5.11±0.40	2.80±1.43	2.00±1.78	1.87±1.83
部位	弯穗型粒形			
	长(mm)	宽(mm)	厚(mm)	长宽比
UPB	5.24±1.55	2.89±0.85	2.04±0.47	1.82±0.38
USB	5.11±1.41	2.91±0.41	2.04±0.04	5.11±1.41
MPB	5.19±1.42	2.93±0.07	2.06±0.42	5.19±1.42
MSB	5.13±1.43	2.89±0.50	2.08±0.86	5.13±1.43
LPB	5.25±1.52	2.89±0.95	2.08±1.31	5.25±1.52
LSB	5.16±1.48	2.86±1.37	2.09±1.75	5.16±1.48

注:U:上部,M:中部,L:下部,P:一次枝梗,S:二次枝梗。

从全穗来看,下部籽粒粒长大于上、中部,一次枝梗粒长大于相应部位二次枝梗;籽粒粒宽是中部大于上部、下部,中一部位籽粒最宽;籽粒粒厚下部>中部>上部,二次枝梗籽粒粒厚大于相应的一次枝梗,下二粒位籽粒最厚,上一粒位粒厚最小;籽粒长宽比下部>中部>上部,一次枝梗籽粒大于相应的二次枝梗。各粒位籽粒粒长弯穗型品种大于直立穗型品种,直立穗型品种粒长差异大于相应的弯穗型品种;弯穗型品种粒宽大于相应的直立穗型品种，直立穗型品种粒宽差异大于相应的弯穗型品种；直立穗型品种粒厚小于相应的弯穗型品种；直穗型品种长宽比大于相应的弯穗型品种。这些数据表明两个问题，一是直立穗型品种粒位间粒形差异较大，二是在能够达到理想粒重的情况下，下位粒可能也有较好的充实，只是下位粒中充实粒所占比例太低。

（2）充实度与粒形的关系

品种籽粒形状主要由品种自身的遗传基础决定，但不同充实程度籽粒受其籽粒灌浆特性影响，最终粒形表现会不同（表 4.3-5）。相关分析表明，籽粒充实度与直立穗型品种的粒长、粒厚呈显著正相关（$r_{粒长}=0.951^*$，$r_{粒厚}=0.981^*$），与弯穗型品种的粒宽呈显著负相关（$r_{粒宽}=-0.956^*$）。对于饱满籽粒来说，随着籽粒充实程度增加，籽粒的粒长、粒宽、粒厚变大，各绝对值在 C1 籽粒达到最高；饱满籽粒在充实过程中粒长的增加速度小于粒宽的增加速度，籽粒充实程度和籽粒长宽比间呈极显著负相关（$r_{直立穗型}=-0.970^*$，$r_{弯穗型}=-0.975^*$），表明籽粒充实度增加会使籽粒表形给人以相对短粗的感觉，因而使灌浆物质适当地分配在不同部位籽粒中对提高籽粒的整体外观效果可能更好。

表 4.3-5　充实度与粒形的关系

等级	直立穗型			
	长（mm）	宽（mm）	厚（mm）	长宽比
C1	5.17±0.06	2.89±0.04	2.04±0.01	1.79±0.03
C2	5.17±0.06	2.91±0.09	2.02±0.02	1.80±0.03
C3	5.09±0.08	2.79±0.04	1.95±0.05	1.83±0.05
C4	5.04±0.06	2.73±0.05	1.92±0.03	1.86±0.06
C5	5.04±0.05	2.85±0.06	2.01±0.02	1.78±0.03
等级	弯穗型			
	长（mm）	宽（mm）	厚（mm）	长宽比
C1	5.20±0.07	2.97±0.03	2.10±0.01	1.75±0.01
C2	5.19±0.06	2.92±0.04	2.08±0.02	1.79±0.05
C3	5.19±0.06	2.87±0.03	2.03±0.02	1.82±0.03
C4	5.16±0.06	2.87±0.16	2.04±0.06	1.83±0.06
C5	5.09±0.05	2.89±0.04	2.06±0.02	1.77±0.04

4.3.3　充实度对稻米理化品质的影响

直链淀粉含量是评价稻米理化品质优劣的最重要指标,是稻米蒸煮性状的主要决定因素,通常以直链淀粉占精米干重的百分率来表示。相关分析表明,籽粒充实率与直链淀粉含量及碱消值、直链淀粉含量与碱消值之间无明显的相关性,但稻米理化指标与品种类型、籽粒粒位联系密切(图 4.3-2、图 4.3-3)。从图 4.3-3 可知,直立穗型品种直链淀粉含量高于弯穗型品种,直立穗型品种平均含量为 16.69%,弯穗型品种平均为 16.09%,相差 0.6 个百分点。直链淀粉含量越高,米饭质地越松散,蒸煮时不易烂,食味也欠佳,冷饭易回生变硬,适口性变差。从粒位上看,C1 籽粒直链淀粉含量由高到低依次为:上一>中一>下一>上二>中二>下二,一次枝梗高于二次枝梗,上部高于中部、下部。依此而言,下部和二次枝梗着粒较多的直立穗型品种直链淀粉的含量应该较低,但事实并非如此,因此需要在淀粉形成、灌浆过程等品种理化特性方面进行深入的研究。

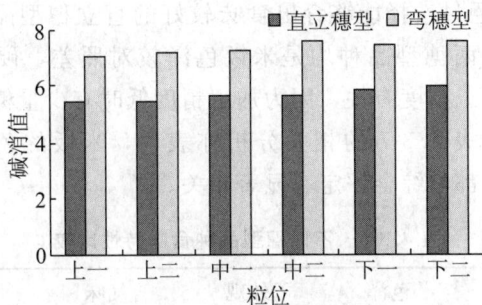

图 4.3-2　粒位间籽粒碱消值

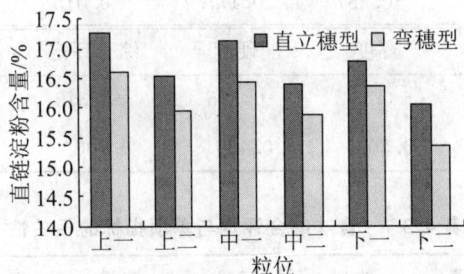

图 4.3-3　粒位间籽粒直链淀粉含量

水稻的物理蒸煮特性与碱消值相关要比蒸煮特性与直链淀粉含量的相关更为密切,低碱消值稻米比高碱消值稻米需要更多的水分与更多的蒸煮时间。因此，碱消值高的稻米易蒸煮，米饭柔软；碱消值低的稻米较难蒸煮，米饭偏硬。从图 4.3-2 可知，弯穗型品种碱消值明显高于直立穗型品种；不同部位 C1 籽粒的碱消值趋近于下部＞中部＞上部，二次枝梗大于一次枝梗，表明下部和二次枝梗着粒较多且充实较好时，蒸煮食用品质较好。

4.3.4 充实度对稻米食味品质的影响

(1)穗型与食味品质的关系

本试验以辽粳 294 为对照，利用 satake 米食味计，对 30 个供试品种的稻米食味品质进行了比较研究。由表 4.3-6 可见，弯穗品种的综合评定值、黏度明显优于对照，因此弯穗品种总体上较对照食味好；而直立穗品种的外观、气味、味道、硬度都有低于对照的趋势，虽然各指标没有达到 0.4 的显著标准，但多个指标的一致性说明：直立穗型品种各项食味指标均不如弯穗型品种好。虽然如此，直立穗型品种中也不乏综合评定值明显优于对照的，如近年育成的辽星 5 号，综合评定值 0.542。因此，通过选择能够育出食味较好的直立穗型品种，使产量和食味得到统一。两穗型品种均是米饭色泽较对照差，硬度显著超过对照，这可能与加工精度有关，因为加工精度低时有少量糠层的残留影响了色泽与硬度。表 4.3-7 的相关分析亦表明，米饭的色泽、外观、气味、味道、黏度都与综合评定有显著相关。

表 4.3-6 不同穗型品种食味特性比较

穗型	色泽	外观	气味	味道
直立穗	-0.805^*	-0.272	-0.247	-0.036
弯穗	-0.287	0.177	-0.015	0.163

穗型	黏度	硬度	综合评定
直立穗	-0.152	0.385	-0.313
弯穗	0.502^*	0.499^*	0.700^*

表 4.3-7 食味综合评定与单项指标的相关性

项目	色泽	外观	气味	味道	黏度	硬度
综合评定	0.627^{**}	0.616^{**}	0.397^*	0.626^{**}	0.617^{**}	-0.054

通径分析进一步表明，各指标对综合评定影响大小依次为色泽、味

道、黏度、气味、外观、硬度。因此,育种中既要重视对食味综合评定值进行选择,也要注意设法通过对米饭的色泽、味道等单一指标进行选择来达到改良食味的目的。

(2)粒位与米饭食味的关系

食味较好的弯穗型品种日本越光与我国的直穗型品种辽粳 294(对照)米饭比较(见表 4.3-8),除下部二次枝梗外,其他各部位的外观、黏性、平衡性前者大都超过后者一个等级,后者米饭表现偏硬。两品种食味评分值较高的籽粒是中部枝梗的籽粒,而评分值较低的籽粒位置因品种而异。但由于 satake 饭食味计的食味值量化标准用<5.0、5.0~6.0、6.0~7.0、7.0~8.0、>8.0 分级表示,因此上述差异多是同一级别内的差异,而没有等级间的差异。同一部位的黏度与平衡性均是一次枝梗大于二次枝梗,但外观与食味却是二次枝梗大于一次枝梗,说明不同穗型品种粒位间籽粒充实度过高或过低都会对稻米食味品质产生不同的影响。

表 4.3-8　充实籽粒饭食味特性比较

| 粒位 | 直立穗型品种(辽粳 294) | | | | |
	外观	硬度	黏性	平衡性	食味
UPB	5.24	6.80	4.94	5.24	6.10
USB	5.70	6.45	5.00	5.60	6.35
MPB	5.84	6.46	5.40	5.84	6.50
MSB	6.13	6.13	5.08	5.97	6.58
LPB	5.98	6.37	5.38	5.92	6.53

| 粒位 | 弯穗型品种(日本越光) | | | | |
	外观	硬度	黏性	平衡性	食味
UPB	7.26	5.78	6.72	7.26	7.38
USB	6.95	5.85	6.25	6.90	7.15
MPB	7.58	5.65	7.05	7.55	7.58
MSB	7.00	5.83	6.20	6.93	7.18
LPB	7.53	5.70	6.90	7.43	7.50
LSB	6.70	5.93	5.77	6.60	6.93

注:U:上部,M:中部,L:下部,P:一次枝梗,S:二次枝梗。

（3）粒位与米饭物理特性的关系

由表 4.3-9 可见，品种间比较，越光上部枝梗籽粒和中部一次枝梗籽粒的表层附着量、表层附着性、表层平衡性以及全体的附着量较辽粳294大，因此，可以认为越光这些部位充实籽粒形成的米饭特性表现为较黏滞。米饭质地各粒位表现的共同特征是：一般同一部位表层硬度、表层黏度、表层附着性和全体附着性均是一次枝梗籽粒大于二次枝梗籽粒，其他指标在一二次枝梗间变化无规律性。

表 4.3-9　不同粒位充实籽粒米饭质地

粒位	表层硬度 (H_1, 10^3 dyn)	表层黏度 ($-H_1$, 10^3 dyn)	表层附着性 (A_3, 10^5 erg)	全体附着量 (L_3, mm)	表层平衡性1 ($-H_1/H_1$)	表层平衡性2 (A_3/A_1)
直立穗型品种（辽粳294）						
UPB	91.57	30.92	1.63	1.27	0.34	0.91
USB	85.01	25.17	1.35	1.24	0.31	0.87
MPB	85.02	29.13	1.54	1.22	0.34	0.91
MSB	87.76	28.03	1.51	1.29	0.32	0.90
LPB	88.53	30.43	1.63	1.24	0.35	0.93
弯穗型品种（日本越光）						
UPB	89.02	33.46	2.13	1.51	0.38	1.18
USB	79.64	30.17	1.96	1.48	0.38	1.21
MPB	87.65	31.08	1.91	1.42	0.36	1.05
MSB	74.62	24.53	1.49	1.27	0.33	0.99
LPB	86.29	30.27	1.87	1.43	0.35	1.02
LSB	75.21	23.53	1.42	1.34	0.32	0.97

注：U：上部，M：中部，L：下部，P：一次枝梗，S：二次枝梗。

（4）粒质与食味的相关性

相关分析表明，整糙米率与味度值呈显著正相关（0.426**），未熟米率、受害米率与味度值呈显著、极显著的负相关，相关系数分别为

—0.431** 和—0.516**，说明整糙米率越高，食味越好。未熟米率、受害米率越高，味度值越差，尤其是受害米率。由于在碾精时糙米中的碎米已经变成糠而被除掉，因而其与味度值间的关系不十分明显。综上可见，在进行食味分析时，为得出更准确结论应采用整米为样本。

第 5 章
水稻籽粒厚度变异及其与稻米品质关系

上一章通过比重法对充实度进行了分级研究，前人也多是通过这一方法进行的。利用这种方法评价充实度虽然可行，但由于水选后籽粒吸水，导致籽粒的一些物理性状发生改变，进而会影响品质性状。所以，如果要进一步比较不同充实度籽粒的品质，采用其他对籽粒物理性状无影响的充实度评价方法更为适宜。熊振民等(1986)的研究表明，粒重与谷粒外形尺寸，尤其是籽粒厚度密切相关；李毅念等(2007)也曾利用籽粒厚度进行稻谷分级，来改善因稻粒的不均匀性而导致的加工品质降低等情况。因此，按籽粒厚度进行分级来研究充实度可能会更真实准确地反映籽粒充实特征，同时可以避免比重法筛选过程对籽粒物理性状的不良影响。

本章依据糙米厚度进行充实度分级，比较分析了辽宁省最新水稻品系的籽粒充实状况，旨在明确北方高产品种籽粒充实度差异及其与产量品质性状之间的内在联系，为高充实水稻的遗传育种及水稻的高产优质栽培提供一定的理论基础。

5.1 籽粒的充实状况

以 2007 年辽宁省水稻区域试验中熟组 14 个最新育成的粳稻品系作为供试材料，其名称见表 5.1-1。

用孔径不同的选筛将各糙米材料分为 >2.0 mm、1.7~2.0 mm、1.5~1.7 mm、<1.5 mm 四种不同厚度的糙米籽粒，并依次标记其充实

程度为一级、二级、三级、四级，即粒径越厚表征充实级别的数字越小。厚度1.7 mm以下籽粒，经目测明显表现表面伸展不充分，而1.7 mm以上籽粒则伸展充分，所以定义一级、二级籽粒为饱粒，三级、四级为瘪谷粒。各级别籽粒分别称量糙米重，测定其千粒重。充实度按下式计算：

籽粒充实度(％)

＝各级别糙米平均千粒重/饱粒糙米

千粒重×100％　　　(5.1-1)

粒重百分率(％)

＝各级别籽粒重量(g)/试样糙米

总粒重(g)×100％　　(5.1-2)

本文用糙米厚度和籽粒充实度两个指标表示充实程度。

表 5.1-1　供试水稻品种

编号	品种
1	华单 995
2	LDC271
3	05－21
4	沈稻 29
5	誉丰 7 号
6	沈仙 S27
7	东亚 02－H5
8	开 408
9	沈农 9903
10	兴 10 号
11	辽优 1498
12	铁 9868
13	AB102
14(CK)	沈稻 6 号

5.1.1　不同粒厚分级的籽粒重百分比比较

由图 5.1-1 可看出，所选材料中，二级籽粒所占粒重比例最大，二级籽粒粒重占总重的比例平均为 66.78％，但品种间差异较大；其次为一级籽粒，其粒重百分比为 28.37％，品种间存在一定差异；三级、四级籽粒籽粒重百分率较低，分别为 3.38％和 4.30％，且二者品种间差异不明显，尤其四级籽粒粒重百分率品种间几乎没有差异。

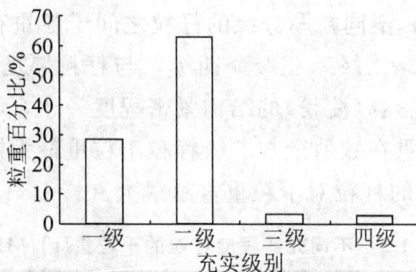

图 5.1-1　不同充实级别籽粒粒重百分比

由表 5.1-2 可见，本研究中，71.43％的品种二级籽粒占 50％以上，其分布范围为 55％～94％。21.43％的品种一级籽粒占 50％以上，其中一级籽粒重量百分比最高的品种达 71.57%。个别品种三级籽粒和四级籽粒所占比重较其他品种大。可见不同品种充实表现特征不尽相同。

表 5.1-2　各粒厚分级的籽粒重量百分比（%）（M±s）

品种编号	一级	二级	三级	四级
1	17.44±1.14	78.71±0.89	2.35±0.29	1.23±0.07
2	23.65±6.47	70.09±5.04	4.12±0.99	2.14±0.36
3	3.07±0.96	93±0.97	2.95±0.01	0.79±0.01
4	35.43±9.81	61.44±9.00	2.17±0.51	0.44±0.11
5	11.61±0.29	83.31±1.05	3.52±0.72	1.27±0.11
6	33.24±2.00	63.42±1.78	2.03±0.26	0.81±0.03
7	32.01±2.06	60.73±0.96	4.85±0.66	1.92±0.15
8	0.53±0.11	83.11±2.07	11.45±1.32	4.18±0.14
9	10.07±0.98	85.31±0.95	2.84±0.10	1.17±0.15
10	71.57±0.46	25.3±0.41	1.72±0.18	1.06±0.04
11	2.75±2.33	94.1±1.36	3.12±0.36	0.99±0.20
12	50.3±0.90	47.41±1.13	1.17±0.01	0.49±0.01
13	61.85±1.05	33.53±1.02	2.14±0.22	1.64±0.26
14	41.37±4.63	55.27±4.45	2.08±0.35	0.61±0.16
平均	28.21±0.23	62.76±0.41	3.30±0.11	2.82±2.08

5.1.2　不同粒厚分级的籽粒千粒重比较

表 5.1-3 表明，不同粒厚分级的籽粒之间千粒重存在明显差异，千粒重的次序为一级＞二级＞三级＞四级，与籽粒厚度的变化趋势相同。可见籽粒厚度与内容物（淀粉）的结构紧密程度一致，可以很好的表示充实程度。平均千粒重在数值上与二级籽粒千粒重最为接近，说明厚度在 1.7~2.0 mm 之间的籽粒对千粒重贡献最大。

表 5.1-3　不同充实程度籽粒的千粒重（g）（M±s）

编号	一级	二级	三级	四级	平均	饱粒
1	24.05±1.27	21.60±0.18	12.00±0.94	8.30±0.68	18.50±0.87	22.07±0.16
2	24.85±0.10	23.05±0.46	13.65±0.24	9.30±0.87	18.22±0.80	23.82±0.10

续表

编号	一级	二级	三级	四级	平均	饱粒
3	23.20±0.26	21.35±0.48	13.00±0.35	8.90±0.49	17.35±0.22	21.95±0.89
4	24.35±1.00	21.45±0.54	13.25±0.03	9.55±0.47	19.05±0.55	22.09±1.16
5	24.25±1.32	20.55±0.93	12.60±1.33	8.85±0.19	18.53±1.31	21.48±0.86
6	23.55±0.79	20.75±0.45	14.05±0.55	9.15±0.46	18.98±0.20	21.36±0.80
7	24.25±0.97	20.95±1.13	14.05±0.33	9.45±0.72	19.45±1.15	22.40±0.30
8	22.75±1.15	20.90±0.06	14.60±1.26	8.30±1.24	17.08±0.05	21.09±0.36
9	22.25±1.89	20.20±0.81	13.05±0.08	9.00±0.16	17.35±0.62	20.92±1.01
10	24.30±0.48	22.45±0.09	11.80±0.42	7.85±0.80	20.15±0.50	24.11±0.03
11	23.25±0.85	21.05±1.38	14.25±0.21	9.00±1.07	19.65±0.73	20.54±1.09
12	23.55±0.77	21.70±0.11	12.85±0.30	8.95±073	18.15±0.17	22.99±0.27
13	24.50±0.43	21.25±0.35	10.85±0.28	8.65±0.13	18.20±0.44	23.67±0.09
14	24.25±0.28	22.50±1.00	13.40±0.09	9.40±0.62	21.00±0.19	23.14±0.64
平均	23.65±0.01	21.68±0.05	13.01±0.24	9.06±0.04	18.71±0.00	22.13±0.00

5.2　籽粒充实度与产量性状

5.2.1　籽粒充实度与着粒密度的聚类分析

　　以阈值 6.19 为临界点，依充实程度、着粒密度两个指标将 14 个供试品种进行系统聚类分析，14 个供试品种被分为 3 类。第 Ⅰ 类为低充实度类群，包括 LDC271、AB102、05－21、开 408、铁 9868 5 个品种，其充实度范围为 77.60%～81.70%；第 Ⅱ 类为半充实度类群，包括华单 995、沈稻 29、沈农 9903、兴 10 号、誉丰 7 号、沈仙 S27、东亚 02－H5 7 个品种，其充实度范围为 83.96%～88.20%；第 Ⅲ 类为高充实度类群，包括沈稻 6 号、辽优 1498 计两个品种，充实度范围为 90.34%～93.03%（图 5.2-1）。

　　分析同类品种性状平均表现（表 5.2-1），第 Ⅰ 类品种的平均充实度<80%，为低充实度品种，着粒密度中等，这类品种产量偏低；第 Ⅱ 类品种的充实度在 80%～90% 之间，是中等充实品种，着粒密度最高，这类品种产量最高，其有效穗数、实粒/穴也较多；第 Ⅲ 类品种的平均充实度>90%，为高充实品种，但该类品种着粒密度最低，产量居中。三类品种的充实状况与糙米平均千粒重有很好的一致性，其他性状则没有规律性的变化。由此可见，充实程度与产量表现并不完全一致，高产

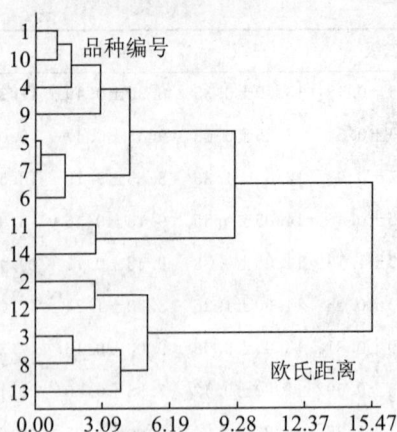

图 5.2-1 水稻籽粒充实度、着粒密度树状聚类图

（系统聚类、欧氏距离）

品种是有效穗数、实粒/穴、着粒密度及充实度的高效协调所致。

表 5.2-1 不同充实度类型的产量性状比较

类型	项目	实粒/穴（粒）	千粒重（g）	有效穗数（穗）	实测产量（kg）	结实率（%）	着粒密度（粒/cm）	充实度（%）
I	平均	1 471	17.80	13.50	19.13	86.61	8.16	79.70
	最大值	1 814.00	18.23	16.60	20.31	90.64	10.37	81.70
	最小值	1 193.00	17.08	12.00	18.35	72.57	5.86	77.60
	标准差	237.81	0.55	1.89	0.76	7.87	1.94	1.85
	变异系数	0.16	0.03	0.14	0.04	0.09	0.24	0.02
II	平均	1 713	18.86	15.27	20.43	86.67	8.49	85.95
	最大值	1 906.50	20.15	16.80	21.43	94.34	10.25	88.20
	最小值	1 405.00	17.35	11.00	19.58	84.03	7.52	84.61
	标准差	187.66	1.05	2.10	0.74	4.21	0.99	1.71
	变异系数	0.11	0.06	0.14	0.04	0.05	0.12	0.02
III	平均	1 531	20.33	14.65	19.98	82.87	7.47	91.69
	最大值	1 906.50	21.00	16.80	21.43	94.34	10.25	93.03
	最小值	1 466.00	19.65	13.80	19.33	76.29	7.23	90.34
	标准差	91.92	0.95	1.20	0.92	9.30	0.33	1.90
	变异系数	0.06	0.05	0.08	0.05	0.11	0.04	0.02

5.2.2　充实度与产量性状的相关性

对充实度与产量性状的偏相关性分析(表 5.2-2)发现，品种间在实粒数/穴、千粒重、有效穗数等多数性状上都存在差异。品种充实度与平均千粒重呈极显著正相关，与饱粒充实度呈极显著负相关，与其他产量性状无明显的相关性，实粒数/穴、有效穗数对品种充实度有负向效应，但影响不显著。充实度对产量有正向效应，但影响不显著。

表 5.2-2　籽粒充实度与产量性状的偏相关性分析

	实粒数/穴	平均千粒重	有效穗数	结实率	着粒密度	饱粒千粒重	实测产量
充实度	−0.0491	0.9868**	−0.1605	0.6331	0.2098	−0.9817**	0.2158

5.3　籽粒充实度与稻米品质

5.3.1　粒厚分级与碾磨品质的关系

表 5.3-1 列出了试验中占绝大多数籽粒的一二级糙米碾精情况。从表中可知：精米率、整精米率的变化趋势与粒厚分级变化趋势一致，即随着籽粒充实度降低，精米率、整精米率变小。一级籽粒精米率的变异范围在 74.13%～76.75% 之间，二级籽粒精米率在 67.56%～75.75% 之间，品种间变异不大，表现较稳定。所选材料中 9 个品种的一级籽粒精米率>74%，达到一级优质粳稻谷标准；而二级籽粒只有 4 个品种的精米率>74%，多数品种精米率>72%，仅达到二级优质粳稻谷标准。

对不同粒厚分级籽粒的精米率和整精米率进行新复极差测验，结果表明：一二级籽粒间精米率、整精米率均达到极显著差异。由此可见稻米的充实程度对精米率和整精米率影响很大，通过提高水稻品种的充实度可进一步提高稻米碾磨品质，获得实在的丰产丰收。

表 5.3-1 品种间不同粒厚分级的碾磨品质比较

品种	精米率(%)			整精米率(%)		
	一级	二级	平均	一级	二级	平均
1	76.02	74.56	75.29	67.61	65.86	66.74
2	76.47	73.45	74.96	69.31	63.57	66.44
3	75.97	72.75	74.36	69.10	57.49	63.30
4	76.75	75.10	75.92	64.36	64.35	64.35
5	77.21	75.75	76.48	70.28	62.71	66.50
6	74.14	72.32	73.23	67.04	63.86	65.45
7	73.01	72.13	72.57	64.85	61.09	62.97
8	73.16	72.44	72.80	64.02	62.00	63.01
9	71.24	72.89	72.07	67.52	65.03	66.28
10	75.54	73.74	74.64	68.46	61.60	65.03
11	74.31	72.81	73.56	69.59	67.24	68.41
12	74.13	72.12	73.12	69.73	66.53	68.13
13	70.80	67.56	69.18	65.59	57.87	61.73
14	75.68	74.44	75.06	69.15	64.45	66.80
平均	74.60	73.00	73.80	67.62	63.12	65.37

5.3.2 粒厚分级与外观品质的关系

以碾精后的精米材料测定精米长、宽度(表 5.3-2),所得结果与糙米相同,即精米的长、宽随籽粒充实程度的增大而增大。精米长宽比在数值上与糙米相近,可见加工过程对籽粒外观影响不大。随着充实程度的增高,精米长宽比的变化没有糙米明显,说明研究充实程度对粒形的影响应以糙米粒形为主。

表 5.3-2 不同粒厚分级精米外观性状

品种编号	长(mm)		宽(mm)		长宽比	
	一级	二级	一级	二级	一级	二级
1	4.78	4.68	2.66	2.65	1.79	1.77
2	4.98	4.70	2.71	2.60	1.84	1.81

品种编号	长(mm)		宽(mm)		长宽比	
	一级	二级	一级	二级	一级	二级
3	5.00	4.85	2.62	2.51	1.91	1.93
4	4.88	4.69	2.82	2.73	1.73	1.71
5	4.95	4.81	2.74	2.71	1.81	1.78
6	4.85	4.77	2.66	2.65	1.82	1.80
7	4.85	4.79	2.85	2.80	1.70	1.71
8	5.07	4.99	2.65	2.56	1.91	1.95
9	4.61	4.56	2.75	2.68	1.68	1.70
10	4.56	4.51	2.87	2.83	1.59	1.59
11	5.00	4.98	2.59	2.53	1.93	1.97
12	4.67	4.57	2.81	2.76	1.66	1.66
13	4.68	4.54	2.85	2.70	1.64	1.68
14	4.80	4.68	2.83	2.68	1.69	1.75
平均	4.83	4.72	2.74	2.68	1.76	1.77

　　研究表明，糙米长宽均与按粒厚分级籽粒的充实度变化一致，灌浆后期，随着内容物的充实，籽粒长、宽度也会有所增长。表示粒形的长宽比则随充实程度的下降而增大，可知宽度在灌浆后期的变化程度比粒长显著，受充实程度的影响较大(表 5.3-3)。

表 5.3-3　不同粒厚分级糙米外观性状

品种编号	长(mm)				宽(mm)				长宽比			
	一级	二级	三级	四级	一级	二级	三级	四级	一级	二级	三级	四级
1	5.11	5.07	4.62	4.74	2.79	2.69	2.62	2.33	1.84	1.88	1.77	2.04
2	5.28	5.07	5.03	4.95	2.86	2.74	2.57	2.30	1.84	1.85	1.96	2.16
3	5.29	5.20	4.96	4.89	2.78	2.66	2.36	2.23	1.90	1.96	2.10	2.20
4	5.05	4.96	4.76	4.63	2.86	2.86	2.39	2.23	1.76	1.73	1.99	2.08
5	5.01	5.01	4.86	4.81	2.85	2.80	2.54	2.21	1.76	1.79	1.91	2.18
6	5.11	5.08	5.01	4.91	2.77	2.75	2.52	2.29	1.85	1.85	1.99	2.15

品种编号	长（mm）				宽（mm）				长宽比			
	一级	二级	三级	四级	一级	二级	三级	四级	一级	二级	三级	四级
7	5.07	5.04	4.94	4.84	2.97	2.77	2.61	2.30	1.71	1.82	1.89	2.10
8	5.34	5.32	5.12	4.99	2.72	2.67	2.55	2.21	1.96	1.99	2.01	2.27
9	4.96	4.67	4.65	4.65	2.73	2.69	2.56	2.13	1.82	1.74	1.82	2.19
10	4.87	4.81	4.49	4.41	2.93	2.82	2.55	2.32	1.66	1.71	1.76	1.90
11	5.19	5.15	5.10	4.98	2.92	2.83	2.55	2.43	1.77	1.82	2.00	2.04
12	4.85	4.83	4.80	4.78	2.94	2.87	2.64	2.46	1.64	1.67	1.81	1.94
13	4.96	4.87	4.77	4.61	2.99	2.91	2.59	2.37	1.66	1.68	1.85	1.95
14	4.96	4.91	4.84	4.82	2.89	2.84	2.59	2.41	1.71	1.73	1.87	2.01
平均	5.07	5.00	4.85	4.78	2.86	2.78	2.54	2.30	1.78	1.80	1.91	2.08

　　品种籽粒形状主要由品种自身的遗传基础决定，但不同充实程度籽粒会受其籽粒灌浆特性影响，使最终粒形表现不同。由表5.3-3可见，随着籽粒充实程度增加，籽粒的粒长、粒宽变大，当厚度达到最大值时，粒长、粒宽也达到最大；饱谷粒在充实过程中粒长的增加速度小于粒宽的增加速度，籽粒长宽比呈降低趋势。对于大多数粳稻品种来说，充实度的提高会使粒形向椭圆形方向发展，所以通过粒形进行选择可以为选育高充实度品种提供参考。

　　对不同粒厚分级籽粒的垩白度级别进行方差分析和新复极差测验（表5.3-4），结果表明，同一品种内，不同粒厚分级籽粒的垩白度差异达极显著水平，随着垩白度的降低，籽粒充实程度明显增加。所以，研究如何降低稻米垩白度与提高籽粒充实程度可能机理一致。

表 5.3-4　不同粒厚分级籽粒垩白度比较

	均值	5%显著水平	1%极显著水平
一级	2.3709	a	A
二级	2.8929	b	B

5.3.3　籽粒充实度与蒸煮品质的关系

　　由图5.3-1、图5.3-2可知，同一品种内籽粒的直链淀粉含量不受充实程度的影响，但碱消值随着籽粒充实程度的增加而升高。对于同一品种来说，提高水稻籽粒的充实程度，可能会使米饭变硬。

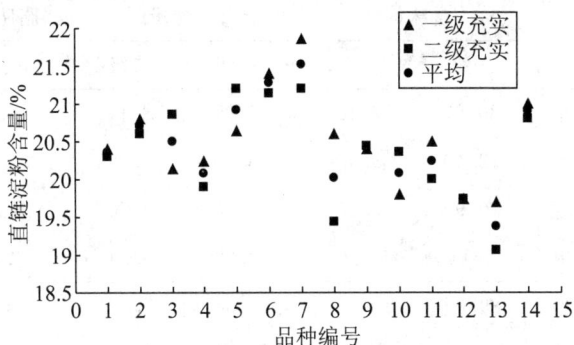

图 5.3-1 不同充实级别籽粒直链淀粉含量比较

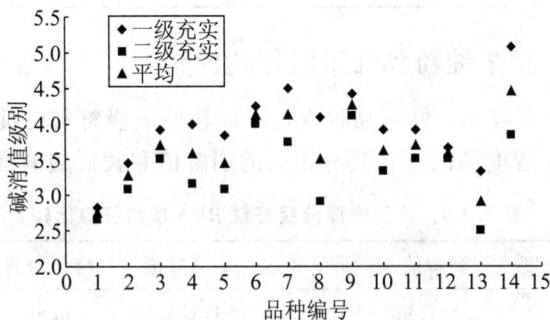

图 5.3-2 不同充实级别籽粒碱消值比较

5.3.4 籽粒充实度与食味品质、营养品质的关系

对所选材料的一级、二级籽粒的食味值及其相关性状进行比较研究（表 5.3-5），结果表明，糙米、精米的食味值与籽粒充实程度的变化一致。可见，提高籽粒的充实程度有利于改善品种的食味品质。糙米中的脂肪酸含量会随着充实程度而升高，但精米中的脂肪酸含量会在碾精后降低到 1.3% 以下，与淀粉（75%）和蛋白质（8%～10%）相比，含量较低，影响较小。

表 5.3-5　不同粒厚分级籽粒的食味相关性状比较

		食味值		蛋白质含量(%)		脂肪酸含量(%)	
		一级	二级	一级	二级	一级	二级
糙米	平均值	80.87	77.48	7.95	8.11	14.92	11.03
	最大值	92.40	88.00	8.40	8.50	22.40	16.37
	最小值	70.90	67.15	7.40	7.70	8.45	6.25
	标准差	5.11	5.42	0.27	0.24	4.43	3.48
精米	平均值	89.05	80.91	7.36	7.57		
	最大值	98.90	96.50	7.95	8.15		
	最小值	81.55	56.90	6.55	7.00		
	标准差	5.78	11.81	0.42	0.35		

5.3.5　稻米淀粉黏滞谱特征的比较

由表 5.3-6 可知，同一品种内，不同粒厚分级籽粒的淀粉黏滞谱特性不同，充实程度高的籽粒具有较高的崩解值和较低的消减值。

表 5.3-6　不同粒厚分级籽粒 RVA 谱特征值比较

	最高黏度	崩解值	最终黏度	消减值	峰值时间	起浆温度
一级	3 323.50	1 427.95	3 149.41	−174.09	6.07	70.48
二级	3 290.79	1 391.82	3 122.00	−168.79	6.13	70.73

依前文聚类分析的结果，把 14 个品种分为低充实品种、中充实品种和高充实品种三个类群，分别记为：Ⅰ类、Ⅱ类和Ⅲ类。分析各充实度类群的 RVA 谱特征，由表 5.3-7 可知，高充实度品种的崩解值、最高黏度表现最高，消减值最低，而中充实品种和低充实品种没有显著的变化规律。可见，RVA 谱特征在充实度较高的情况下，对稻米品质的选择有较大的指导意义，而在充实不良的情况下，则意义不大。辽优 1498、沈农 9903、AB102 三个品种的 RVA 谱分别为各充实度类群的典型代表。充实度最好的辽优 1498 具有最高的黏度值(4 293.0)、崩解值(1 791.0)，消减值(−527.0)则表现最低。其他品种 RVA 谱特性随充实度的变化没有明显规律。

表 5.3-7　不同类型品种的 RVA 特征比较

	充实度	最高黏度	崩解值	最终黏度	消减值	峰值时间	起浆温度
Ⅰ	79.70	3 246.45	1 360.85	3 073.10	−173.4	6.15	70.78
Ⅱ	85.95	3 345.14	1 431.75	3 172.93	−172.2	6.08	70.69
Ⅲ	91.69	3 367.75	1 526.00	3 096.50	−271.3	6.04	70.18
与充实度相关系数	1.00	0.95	0.99**	0.25	−0.85	−0.99**	−0.92

　　RVA 谱能较好地反映稻米蒸煮过程中淀粉的理化特性，可以作为评价稻米食味品质的一项重要指标，并成为优质育种的辅助选择技术。本研究得出：同一品种内，不同粒厚分级籽粒的淀粉黏滞谱特征与食味值测定保持了一致性，但品种内不同充实级别的差异不显著；品种间的 RVA 谱特征仅可评价高充实度品种，而中、低充实度品种的 RVA 谱没有表现显著的规律性。由于目前关于 RVA 测定的研究还不够广泛，多数研究集中在籼、粳、糯三种不同生态类型的差异性上，但关于粳稻类型内不同充实度品种 RVA 特征比较的报道比较少，所以其具体原因还有待多层面、深层次的研究。

　　综上所述，深入研究籽粒充实特性，不仅能够充分挖掘水稻增产潜力，还有助于提高稻米品质、促进相关性状选择，从而达到高产优质的水稻育种目标。

第 6 章
水稻灌浆速率与稻米品质关系的遗传分析

本章将从发育数量遗传学的角度分析灌浆与稻米品质的关系。

稻米品质性状是种子性状,种子性状的表达可能会同时受到种子核基因和母体植株基因两套遗传体系的控制。另外,细胞质基因也可能通过控制叶绿体(或线粒体)的合成而影响植株的光合(或呼吸)作用,从而间接控制种子性状的表现。因此 Zhu 和 Weir(1994)提出了包括种子核基因、细胞质基因和母体核基因遗传效应的广义遗传模型 $G = G_o + G_c + G_m$,G 为遗传主效应,其中包括直接遗传效应 G_o(胚乳效应或种子核基因效应)、母体遗传效应 G_m、细胞质遗传效应 G_c。直接效应 G_o 又可分为直接加性效应 A_o、直接显性效应 D_o;母体效应分为母体加性效应 A_m 和母体显性效应 D_m,此外还包括直接效应与母体效应的协同效应 $C_{G_o \cdot G_m}$(直接加性效应与母体加性效应协同效应 $C_{A_o \cdot A_m}$ 和直接显性效应与母体显性效应协同效应 $C_{D_o \cdot D_m}$);另外遗传主效应与环境还存在互作效应 GE(基因型与环境互作效应),即由上述各主效应与环境互作产生的遗传效应,它是基因型在各种环境条件下表现出的不同反应和对遗传主效应的偏差,是除了遗传主效应外一部分可以遗传的基因效应。

许多生物性状是一个伴随生长而发生变化的性状,遗传学将这类性状称为发育性状。发育遗传学中有关数量性状的分析,常需要研究某一段时间内 $(t-1) \rightarrow t$ 的基因效应的表达。朱军(1997)认为,在多变量统计分析中,条件方差可度量给定某一变量观察值时的条件变量的变异性,条件变量 $y_{(t) \mid y(t-1)}$ 与该性状在 $(t-1)$ 时刻的表现型值 $y_{(t-1)}$ 是相互独立的,Zhu(1995)运用混合线性模型的分析原理,提出了估算条件遗传方差分量和预测条件遗传效应值的统计分析方法。

稻米品质性状是一个伴随灌浆过程而逐渐表达直至稳定的性状，也是一类发育性状。稻米品质形成过程同时就是产量形成过程，因此研究不同品种灌浆特点以及灌浆机理，特别是灌浆特点和稻米品质性状的遗传效应，对提高产量、改善品质有着重要的意义。

由于生理的原因，水稻穗内不同部位存在灌浆起始早晚、强度大小等差异。程旺大等(2003)认为密穗型品种灌浆时，特别是灌浆前期不同粒位的养分竞争作用较强，弱势粒的灌浆过程受强、中势粒的抑制作用较大，从而导致穗内不同粒位间灌浆速率和持续时间有较大的差异，并最终造成弱势粒的结实率、粒重和品质均明显不及强、中势粒。但从发育遗传的角度研究稻米品质的形成，特别是不同粒位品质差异的遗传原因的报道并不多见。本章介绍我们的一些研究结果。

6.1　水稻灌浆速率的遗传

6.1.1　灌浆速率的非条件遗传分析

(1)强势粒

由表 6.1-1 可见，强势粒不同灌浆时期均以遗传主效应($G_o + G_c + G_m$)为主，但各时期均有显著的遗传与环境互作效应分量，因此，强势粒灌浆控制以遗传因素为主，并与环境有显著互作。在遗传主效应中，前期直接显性效应(D_o)、中后期除直接显性效应之外的其他方差分量均显著表达；在互作效应中，以直接显性与环境互作效应(D_oE)、细胞质与环境互作效应(CE)为主。

表 6.1-1　灌浆速率的非条件方差分析($\times 10^{-3}$)

	强势粒			弱势粒		
	前期	中期	后期	前期	中期	后期
直接加性方差 V_{A_o}	0.000	0.525**	0.226**	0.000	0.120**	0.046**
直接显性方差 V_{D_o}	5.143**	0.000	0.000	8.530**	0.000	0.000
细胞质方差 V_C	15.27	0.091*	0.088*	2.371	0.000	0.000
母体加性方差 V_{A_m}	0.000	0.104**	0.044**	0.000	0.027**	0.009**
母体显性方差 V_{D_m}	0.000	0.594**	0.273**	0.000	0.135	0.049**

续表

	强势粒			弱势粒		
	前期	中期	后期	前期	中期	后期
直接加性×母体加性方差 $C_{A_o \cdot A_m}$	0.000	0.466**	0.197**	0.000	0.106**	0.410
直接显性×母体显性方差 $C_{D_o \cdot D_m}$	0.000	0.000	0.000	0.000	0.000	0.000
直接加性×环境方差 V_{A_oE}	0.000	0.000	0.011**	0.000	0.000	0.000
直接显性×环境方差 V_{D_oE}	4.800**	0.384**	0.102**	10.24**	0.179**	0.104**
细胞质×环境方差 V_{CE}	5.840	0.084**	0.018**	0.000	0.241**	0.113**
母体加性×环境方差 V_{A_mE}	0.000	0.000	0.002**	0.000	0.000	0.000
母体显性×环境方差 V_{D_mE}	0.584*	0.000	0.000	0.000	0.000	0.000
加加互作×环境方差 $V_{(A_o \cdot A_m)E}$	0.000	0.000	0.010**	0.000	0.000	0.000
显显互作×环境方差 $V_{(D_o \cdot D_m)E}$	2.548*	0.000	0.000	0.000	0.000	0.000
环境方差 V_e	23.38	0.375**	0.209	12.99**	0.107	0.053

* 和 ** 分别表示效应达到 0.05、0.01 显著性水平。

(2)弱势粒

弱势粒灌浆前期遗传主效应大于遗传与环境互作效应，而中后期则相反($GE > G$)，表明弱势粒在灌浆中后期受环境的影响较大。在遗传主效应中，前期以直接显性效应(D_o)为主，中后期则直接加性效应(A_o)和母体显性效应(D_m)显著表达。

由非条件遗传分析结果来看，强、弱势粒的灌浆在遗传因素上是存在一定差异的。但以上分析结果是达任意时刻点时基因效应的累加值，并没有给出某段时间内基因的净表达值，因此以下就各阶段基因的净表达进行动态的分析，以便更加明确各种基因效应在各时期的表达情况。

6.1.2 灌浆速率的条件遗传分析

(1)强势粒

表 6.1-2 表明，在灌浆前中期，条件遗传主效应 $G_{o(t \mid t-1)} + G_{c(t \mid t-1)} +$

$G_{m(t\,|\,t-1)}$ 大于条件基因与环境互作效应 $GE_{(t\,|\,t-1)}$，而后期则相反。并且随灌浆的进行，无论遗传主效应还是基因与环境互作效应都逐渐减小。因此，在灌浆的前期基因效应表达较为活跃。

表 6.1-2　灌浆速率的条件方差分析（×10⁻³）

	强势粒			弱势粒		
	前期	中期	后期	前期	中期	后期
直接加性条件方差 $V_{A_o(t\,|\,t-1)}$	0.000	0.359**	0.022*	0.000	0.140**	0.000
直接显性条件方差 $V_{D_o(t\,|\,t-1)}$	5.143**	0.000	0.000	8.530**	0.000	0.025**
细胞质条件方差 $V_{C(t\,|\,t-1)}$	15.27	0.157	0.001	2.371	0.000	0.008
母体加性条件方差 $V_{A_m(t\,|\,t-1)}$	0.000	0.071**	0.004	0.000	0.028**	0.000
母体显性条件方差 $V_{D_m(t\,|\,t-1)}$	0.000	0.400**	0.024**	0.000	0.131	0.000
直接加性×母体加性条件方差 $C_{A_o \cdot A_m(t\,|\,t-1)}$	0.000	0.319**	2.00E−02	0.000	0.125**	0.000
直接显性×母体显性条件方差 $C_{D_o \cdot D_m(t\,|\,t-1)}$	0.000	0.000	0.000	0.000	0.000	0.000
直接加性×环境条件方差 $V_{A_o E(t\,|\,t-1)}$	0.000	0.000	0.018*	0.000	0.000	0.011**
直接显性×环境条件方差 $V_{D_o E(t\,|\,t-1)}$	4.800**	0.412**	0.000	10.24**	0.145**	0.000
细胞质×环境条件方差 $V_{CE(t\,|\,t-1)}$	5.840	0.222**	0.000	0.000	0.228**	0.000
母体加性×环境条件方差 $V_{A_m E(t\,|\,t-1)}$	0.000	0.000	0.004*	0.000	0.000	0.000
母体显性×环境条件方差 $V_{D_m E(t\,|\,t-1)}$	0.584*	0.000	0.027**	0.000	0.000	0.013**
加加互作×环境条件方差 $C_{(A_o \cdot A_m)E(t\,|\,t-1)}$	0.000	0.000	0.016*	0.000	0.000	0.010**

	强势粒			弱势粒		
	前期	中期	后期	前期	中期	后期
显显互作×环境条件 方差 $C_{(D_o \cdot D_m)E(t \mid t-1)}$	2.548*	0.000	0.000	0.000	0.000	0.000
环境条件 方差 $V_{e(t \mid t-1)}$	23.38	0.374**	0.008*	12.99**	0.108	0.003**

各条件遗传方差分量的表达存在时效特征，前期主要以条件直接显性效应 $D_{o(t \mid t-1)}$ 为主，中后期直接加性效应 $A_{o(t \mid t-1)}$ 与母体显性效应 $D_{m(t \mid t-1)}$ 显著，并成为方差变异的主要来源。特别地，在中期直接加性与母体加性协同效应 $C_{A_o \cdot A_m(t \mid t-1)}$ 也达到极显著水平。这表明，在此时，种子核基因与母体植株核基因协同作用明显，并且对灌浆的作用方向一致。在条件基因型与环境互作效应中，有较多的分量达显著水平，前期以条件直接显性与环境互作效应 $D_oE_{(t \mid t-1)}$、条件母体显性与环境互作效应 $D_mE_{(t \mid t-1)}$ 为主，中期主要以条件直接显性与环境互作效应 $D_oE_{(t \mid t-1)}$ 以及条件细胞质与环境互作效应 $CE_{(t \mid t-1)}$ 为主。

综合而言，强势粒灌浆条件方差分析结果虽有较多的遗传主效应因素，但由于中期的条件母体加性效应和条件直接加性效应以及二者的协同效应都显著，占条件遗传主效应的 57%，所以强势粒灌浆主要受到母体植株和种子核基因两套遗传体系控制，对强势粒灌浆速率的选择，应依据灌浆中期表现对母体与种子基因型进行适当的早期世代选择，但要考虑到环境的互作效应，尽量在环境一致的条件下进行选择。

（2）弱势粒

与强势粒不同，弱势粒在整个灌浆期条件遗传主效应 $G_{(t \mid t-1)}$ 及其与环境的互作效应 $GE_{(t \mid t-1)}$ 大体相当，说明弱势粒灌浆受环境影响较大。弱势粒各基因效应表达特征为：前期遗传主效应以直接显性效应 $D_{o(t \mid t-1)}$ 为主，并且其与环境互作效应要明显大于遗传主效应。中期遗传主效应中以条件直接加性效应 $A_{o(t \mid t-1)}$ 最大，其次为条件母体加性效应 $A_{m(t \mid t-1)}$，互作效应中，条件细胞质与环境互作效应 $CE_{(t \mid t-1)}$、条件直接显性与环境互作效应 $D_oE_{(t \mid t-1)}$ 都显著，但以前者为主。

综合上述条件方差分量的分析得出：虽然前期遗传效应要大于互作效应，但遗传主效应以胚乳显性为主，并且显性效应与环境还存在互作，因此不宜在此时进行选择。在灌浆的中期，以直接加性效应为主，其次为母体加性效应，且二者与环境互作均不显著，因此在中期主要依据种子基因型，兼顾母体基因型，对弱势粒灌浆特性进行选择较好。但同时要注意特定组合种子基因及其细胞质与环境的互作。

6.1.3　灌浆速率遗传效应预测

在纯系品种选育中，对育种材料的加性效应值和母本的细胞质效应值进行预测能够大致了解育成品种性状表现，对育种工作具有前瞻意义。

（1）强势粒遗传效应预测

由表 6.1-3 可见，强势粒基因效应的综合结果与品种生育期有一定的协同变化关系，即一般地，综合效应值使灌浆速率降低则生育期长，而综合效应值使灌浆速率提高则生育期短。但也有例外，如晚熟的 9022 基因效应的综合值是增加灌浆速率的。从中后期效应分量大小来看，对灌浆速率起较大效应的是直接加性效应，其次是母体加性效应。前文分析的强势粒灌浆前期条件细胞质效应 $C_{(t \mid t-1)}$ 虽然较大但不显著，而表 6.1-3 表明，前期细胞质效应大多显著，并且绝对值较大，说明前期差异主要是由细胞质影响的。

表 6.1-3　亲本强势粒灌浆速率遗传效应预测值

品系	前期	中期			后期			熟期
	C	A_o	C	A_m	A_o	C	A_m	
2419A	0.006 0 **	0.009 1 *	−0.002 3 **	0.006 *	0.000 2 **	0.000 2 **	0.001 6	早
TA	−0.013 9	−0.004 3 **	0.000 2 **	−0.002 8 **	−0.002 8 **	0.000 6	−0.001 9 **	晚
中14A	0.180 4 **	0.012 8 **	−0.019 2 **	0.008 5 **	0.003 4	0.000 1 **	0.002 3	中
1024A	0.083 6 **	−0.010 6 **	0.007 9 **	−0.007 1 **	0.000 3 **	−0.002 1 **	0.000 2 **	早
C253	−0.019 1 *	0.001 9 **	−0.009 0 **	0.001 3 **	−0.000 4 **	−0.001	−0.000 3 **	晚
R198	−0.037 9	−0.011 8 **	0.001 7 **	−0.001 7 **	−0.002 6 **	0.001 2 **	−0.001 7 **	中晚
C418	−0.250 4	−0.002 7 **	0.001 8 **	0.001 8 **	−0.001 1 **	0.000 7 **	晚	
9022	0.051 3 **	0.005 6	0.024 0	0.003 7	0.000 8 **	0.000 5	0.000 5 **	晚

（2）弱势粒遗传效应预测

由表 6.1-4 可见，弱势粒灌浆中期各品种的种子加性效应和母体加性效应都达显著值，而中后期各品种只能分离出细胞质效应且数值较小。与强势粒相比，弱势粒基因效应值的综合作用对灌浆速率的改变功效较小，且与生育期的不吻合程度增加，说明环境可能对弱势粒灌浆有较大影响。

表 6.1-4　亲本弱势粒灌浆速率遗传效应预测值

品系	前期	中期		后期	熟期
	C	A_o	A_m	C	
2419A	0.085 1	0.008 9**	0.005 6**	−0.003 4**	早
TA	−0.019 9	0.001 8*	0.001 7*	0.000 2**	晚
中 14A	−0.008 8	0.000 4**	0.000 3*	−0.001 5	中
1024A	0.011 3**	−0.009 3**	−0.006 2**	−0.001 0	早
C253	0.014 4	0.001 3*	0.000 8*	−0.000 1**	晚
R198	0.003 9	−0.005 6**	−0.003 7**	−0.000 3*	中晚
C418	0.006 2	0.004 7**	0.003 1**	−0.000 5*	晚
9022	−0.092 1	−0.001 6**	−0.001 1**	0.006 5	晚

6.2　稻米品质的遗传

6.2.1　稻米品质性状及粒重的遗传特点

（1）碾磨品质

表 6.2-1 表明，糙米率的遗传主要受到胚乳和母体两套遗传体系的控制，不受细胞质体系的影响，以胚乳加性效应为主。精米率的遗传同时受胚乳、细胞质和母体的共同影响，以胚乳效应为主，基因的显性、加性效应都达到极显著水平，但以加性为主；整精米率的各方差分量都未达到显著水平。因此，对于糙米率的遗传改良应主要考虑胚乳基因型，在此基础上兼顾母体植株基因型。对于精米率性状在选择胚乳基因型的前提下，同时要注意母体和细胞质体系的影响。由于基因效应均以加性为主，可在分离的早世代选择。

表 6.2-1　碾磨品质、外观品质方差分析（×10⁻³）

方差分量	GW 粒重	碾磨品质			外观品质			
		糙米率 (%)	精米率 (%)	整精米率 (%)	粒长 (mm)	粒宽 (mm)	粒厚 (mm)	长/宽 L/W
V_{A_o}	37.64**	0.061**	0.059*	0.351	32.32**	23.70**	14.35*	17.65**
V_{D_o}	3.966**	0.022	0.026**	0.000	31.93**	0.00	0.00	0.00
V_C	0.000	0.000	0.011*	0.000	34.88*	4.610**	0.00	14.70

续表

方差分量	GW 粒重	碾磨品质			外观品质			
		糙米率（%）	精米率（%）	整精米率（%）	粒长（mm）	粒宽（mm）	粒厚（mm）	长/宽 L/W
V_{A_m}	0.125 **	0.015 **	0.016 **	0.351	6.390 **	4.680 **	2.83 *	3.49 **
V_{D_m}	8.608	0.007 **	0.005 **	2.433	0.000	11.75 **	9.42 **	4.93 **
V_e	2.044	0.019 *	0.026 *	4.642	27.44	10.81	4.80	13.73

（2）粒重

表 6.2-1 表明，粒重遗传以种子效应、母体效应为主。种子效应以加性效应为主，母体效应以显性效应为主，没有检测到细胞质效应。所以，对粒重的选择应以种子基因型为主。

（3）外观品质

表 6.2-1 表明，除母体显性效应外，粒长各方差分量都达到了极显著水平，各遗传体系遗传效应大小依次为胚乳、细胞质、母体，对于胚乳效应，其加性、显性效应比例基本相同，对于母体效应则主要以加性为主。因此对粒长性状的改良除选择胚乳基因、细胞质基因外，还要注意特殊组合的效应，由于显性效应较大，应该在分离的高世代选择。粒宽的遗传也受到三套遗传体系的共同控制，以胚乳效应为主，基因效应为加性，母体效应以显性为主，因此对粒宽的选择应主要根据胚乳基因型，在分离的早世代进行选择。粒厚、粒形的遗传只受到胚乳、母体的控制，不受细胞质的影响，与粒宽相同，粒厚、粒形的胚乳效应以加性为主，母体效应以显性为主，因此对粒厚、粒形的选择与粒宽相同。

（4）垩白性状

表 6.2-2　垩白性状遗传方差分量

方差分量	垩白率（%）	垩白大小（%）	垩白度（%）
遗传主效应方差 V_G	187.6	8.599	22.08
直接加性方差 V_{A_o}	108.7	4.697 **	16.01 **
直接显性方差 V_{D_o}	0.000	0.000	0.000
细胞质方差 V_C	57.40 **	0.000	1.066 **
母体加性方差 V_{A_m}	21.50	0.928 **	3.162 **
母体显性方差 V_{D_m}	0.000	2.973 **	1.845
基因型×环境方差 V_{GE}	735.1	63.52	41.42

方差分量	垩白率（%）	垩白大小（%）	垩白度（%）
直接加性×环境方差 V_{A_oE}	382.1 **	0.000	17.40 **
直接显性×环境方差 V_{D_oE}	0.000	40.26 **	0.000
细胞质×环境方差 V_{CE}	0.000	23.26 **	4.420 **
母体加性×环境方差 V_{A_mE}	75.50 **	0.000	3.438 **
母体显性×环境方差 V_{D_mE}	277.5 **	0.000	16.16 **
环境方差 V_e	65.00 **	22.32 **	5.450 **

表 6.2-2 表明，垩白性状的基因与环境互作效应明显大于遗传主效应，因此，垩白的遗传受环境影响较大。对于垩白率(CRR)，遗传主效应中只有细胞质效应达极显著水平。在互作效应中，以胚乳与环境、母体与环境互作为主，前者以加性与环境互作效应为主，后者以显性与环境互作效应为主。因此对垩白率的选择应首先考虑细胞质基因，然后再考察胚乳基因，其次要注意母体植株的组合方式，但都要在多年、多点进行选择。垩白大小(CA)的遗传主效应中胚乳、母体效应显著，以胚乳效应为主，互作效应中胚乳与环境、细胞质与环境互作显著，以前者为主。因此，对垩白大小的遗传改良可以根据胚乳基因型早代选择，同时注意不同组配方式胚乳基因型与细胞质基因型在特定环境的表现。垩白度(CD)的遗传同时受到三套遗传体系的控制，胚乳效应为主，并且三者与环境互作效应也较大，因此，对垩白度的选择主要以胚乳基因型为主，同时注意基因型在特定环境的表现。

一般而言，某一种子性状的基因型与环境互作效应越强，该性状的遗传表现就越易因环境而异，通过选择获得稳定表达的材料就显得更加重要。

(5)蒸煮食味品质

由表 6.2-3 可见，两种环境估计结果都表明，直链淀粉含量(AC)的遗传主效应均明显大于环境互作效应，在遗传主效应方差中，胚乳遗传效应(G_o)明显大于母体效应(G_m)和细胞质效应(C)，三者渐次减小。由此可知，直链淀粉含量的遗传会受到胚乳、母体、细胞质的共同影响，但以胚乳效应为主，且以胚乳加性方差最大。两种环境估计结果也存在不同之处，以穗位作为环境因子时，能检测到显著的细胞质方差，互作效应以胚乳显性与环境互作为主，其次是细胞质与环境互作效应；以年份作为环境因子时，细胞质方差不显著，互作效应以母体显性与环境互作为主。综合以上结果：直链淀粉含量的表达主要受以胚乳加性方差为主的遗传主效应控制。

表 6. 2-3　不同环境因素下 AC、GT 遗传分析

方差分量	以年份作为环境因素		以粒位作为环境因素	
	直链淀粉含量	糊化温度（ASV）	直链淀粉含量	糊化温度（ASV）
遗传主效应方差 V_G	3.647	1.312	3.152	1.362
直接加性方差 V_{A_o}	2.154**	0.322*	1.735**	0.502**
直接显性方差 V_{D_o}	0.000	0.000	0.000	0.000
细胞质方差 V_C	0.412	0.755*	0.064**	0.330*
母体加性方差 V_{A_m}	0.426**	0.064*	0.343**	0.099**
母体显性方差 V_{D_m}	0.655**	0.172	1.010**	0.431**
基因型×环境方差 V_{GE}	0.186	0.376	1.647	0.126
直接加性×环境方差 $V_{A_o E}$	0.052**	0.000	0.000	0.000
直接显性×环境方差 $V_{D_o E}$	0.000	0.131	0.957**	0.110
细胞质×环境方差 V_{CE}	0.000	0.246*	0.690**	0.016
母体加性×环境方差 $V_{A_m E}$	0.010**	0.000	0.000	0.000
母体显性×环境方差 $V_{D_m E}$	0.124**	0.000	0.000	0.000
环境方差 V_e	0.369**	0.321**	0.509**	0.196

　　两种环境估计结果都表明，糊化温度（碱消值，ASV）的遗传主效应方差均明显大于环境互作方差。在遗传主效应方差中，两种环境估计结果不同，以年份作为环境因子时，遗传主效应中胚乳加性、细胞质、母体加性效应均达显著水平，以细胞质效应为主，互作方差仍以细胞质与环境互作为主；但以粒位作为环境因子时，遗传主效应除胚乳显性效应外，都达显著水平，并且以胚乳加性效应为主，其次是母体显性效应，细胞质效应最小，未检测出显著的互作效应。综合两种环境下对遗传方差估计的共性，认为 GT 的遗传受细胞质和胚乳基因型共同控制（表 6.2-4）。直链淀粉含量大多通过化学方法测定，目前亦有多种仪器通过近红外的方法测定。由仪器测得的直链淀粉含量代入朱军遗传模型后得到的遗传方差分量与实验室常规化学方法测定结果的结论基本一致，说明仪器分析结果与化学分析结果进行材料间的比较趋势相同。

表 6.2-4　食味分量遗传方差

方差分量	蛋白质含量	直链淀粉含量（仪器测定）	游离脂肪酸	味度值
遗传主效应方差 V_G	0.338	1.004	45.47	57.15
直接加性方差 V_{A_o}	0.161**	0.501**	0.000	35.42**
直接显性方差 V_{D_o}	0.000	0.000	24.64**	0.000
细胞质方差 V_C	0.056	0.158**	20.83**	0.000
母体加性方差 V_{A_m}	0.032**	0.099**	0.000	6.996**
母体显性方差 V_{D_m}	0.091**	0.246**	0.000	14.73**
基因型×环境方差 V_{GE}	0.068	0.548	13.02	39.23
直接加性×环境方差 $V_{A_o E}$	0.000	0.000	0.000	0.000
直接显性×环境方差 $V_{D_o E}$	0.035**	0.259	8.705	18.66**
细胞质×环境方差 V_{CE}	0.034**	0.289**	4.312	20.57**
母体加性×环境方差 $V_{A_m E}$	0.000	0.000	0.000	0.000
母体显性×环境方差 $V_{D_m E}$	0.000	0.000	0.000	0.000
环境方差 V_e	0.060*	0.235	12.02**	18.91**

（6）其他食味品质

表 6.2-4 表明，蛋白质含量（PC）遗传主效应中胚乳、母体效应都达到显著水平，以胚乳效应为主，胚乳加性方差最大。互作效应则以胚乳显性与环境、细胞质与环境的互作为主，但相对于遗传主效应所占比例较小。因此 PC 的遗传受到胚乳基因为主的母体效应的共同控制，对其遗传改良应根据胚乳基因型早代进行。

游离脂肪酸（FAA）的遗传主要受胚乳显性效应、细胞质效应的控制，对其主要根据细胞质基因进行选择。由于以基因效应显性为主，所以应该在分离早世代选择。

味度值是仪器基于测定的各项指标给予被测品（系）种的食味综合评价，是食味的最重要组成部分。味度的遗传受到母体、胚乳基因的共同控制，以胚乳效应为主，基因效应以胚乳加性方差最大。互作效应以胚乳显性与环境、细胞质与环境互作为主。综上可见，对食味的选择主要应在早代根据胚乳基因型选择，并注意不同环境下细胞质基因的特殊表现。

6.2.2　稻米品质杂种优势分析

(1)粒重、碾磨品质与蒸煮食味品质

F_1 碾磨品质、粒重存在正向的杂种优势(表 6.2-5)，使得碾磨品质提高、粒重增加。F_2 优势的表现有所退化，其中精米率、粒重的超亲优势出现了负值。各性状杂种优势大小为：粒重＞整精米率＞精米率＞糙米率。因此，杂交稻的应用可以显著提高碾磨品质和粒重，以粒重的提高潜力最大。

表 6.2-5　碾磨品质、蒸煮食味品质平均杂种优势分析

	碾磨品质				蒸煮食味品质	
	糙米率(%)	精米率(%)	整精米率(%)	粒重(g)	糊化温度(ASV)	直链淀粉含量(%)
M_m	81.77	73.14	71.11	1.880	5.71	18.44
M_f	82.03	73.30	71.46	2.126	6.14	18.30
M	81.90	73.22	71.29	2.003	5.92	18.38
F_1	82.81	74.13	73.20	2.231	5.87	17.90
F_2	82.37	73.39	72.58	2.069	5.79	17.87
F_1 超中(%)	1.11	1.25	2.69	11.380	−0.81	3.21
F_1 超亲(%)	0.95	1.14	2.43	4.940	−4.33	−3.52
F_2 超中(%)	0.57	0.78	1.81	3.270	−2.17	2.77
F_2 超亲(%)	0.41	−0.67	1.56	−2.700	−5.64	−3.09

注：M_m：母本平均值，M_f：父本平均值，M：所有亲本均值。

除 F_1 直链淀粉含量上存在正向的超中优势外，其余性状的杂种优势均为负向(表 6.2-5)，F_2 负向杂种优势更明显。这种杂种优势使得杂交稻稻米糊化温度升高、直链淀粉含量降低，前者使米质降低(米饭较难蒸煮)，后者使米质提高，二者杂种优势方向对米质的改良方向恰相反。可见，对杂交稻糊化温度与直链淀粉含量双低的要求可能存在一定难度。

(2)外观品质

F_1 粒长、粒形(长宽比)性状存在负向的杂种优势，其他性状都为正向的杂种优势(表 6.2-6)。其中以垩白的杂种优势最大，但垩白大小的杂种优势较垩白率、垩白度小，其次为粒形。杂种优势使得籽粒长度

变短、粒形短圆，垩白显著增加。F_2 世代杂种优势有所减弱，尤其是超亲优势。一般来说，籽粒偏长、无或少垩白的品种深受消费者的喜爱。可见杂种优势是不利于杂交稻外观品质提高的。籼型杂交稻中也有类似的现象。因此，外观品质下降是杂交稻应用时存在的主要问题。

表 6.2-6　外观品质平均杂种优势分析

	粒长(mm)	粒宽(mm)	粒厚(mm)	长/宽	垩白率(%)	垩白大小(%)	垩白度(%)
M_m	5.06	2.81	1.94	1.83	18.58	20.50	4.17
M_f	5.54	2.78	1.98	2.00	39.75	23.99	10.86
M	5.30	2.79	1.96	1.92	29.17	22.24	7.51
F_1	5.28	2.96	2.06	1.79	51.17	24.13	12.62
F_2	5.43	2.80	1.94	1.95	36.17	22.26	8.43
F_1 超中（%）	−0.31	5.82	5.12	−6.56	75.43	8.46	67.98
F_1 超亲（%）	−4.57	5.39	4.07	−10.52	28.72	0.57	16.26
F_2 超中（%）	2.47	0.03	−0.94	1.94	24.00	0.07	12.24
F_2 超亲（%）	−1.90	−0.37	−1.92	−2.37	−9.01	−7.20	−22.32

注：M_m：母本平均值，M_f：父本平均值，M：所有亲本均值。

综上所述，杂交稻的应用对品质的影响利弊共存，优点在于可以提高碾磨品质、粒重，降低直链淀粉含量，不足在于外观较差（尤其垩白增加）、糊化温度升高。在今后的育种工作中应注意扬长避短。

6.2.3　杂交后代表现的亲子相关分析

(1)碾磨品质与蒸煮食味品质

通过对所有 F_1 组合及与其对应的母本、父本及父母本平均值在碾磨品质、粒重性状的相关分析表明（表 6.2-7）：F_1 碾磨品质的表现与亲本无密切的关系，这可能由于碾磨品质受人为操作影响较大的原因。但在粒重上，杂交种与父本相关显著，尤其恢复系对后代粒重的影响较大。因此，选择粒重较大的恢复系对后代粒重的改良效果显著。

表 6.2-7　碾磨品质、蒸煮食味品质杂交种与亲本相关性

	碾磨品质				蒸煮食味品质	
	糙米率 (%)	精米率 (%)	整精米率 (%)	粒重 (g)	糊化温度 (ASV)	直链淀粉 含量(%)
母本	−0.233	−0.349	0.330	−0.534**	0.079	0.511*
父本	0.091	0.004	−0.460*	0.559**	0.857*	0.498*
双亲均值	−0.176	−0.239	0.049	−0.122	0.854*	0.629**

注：$t_{(0.05,19)}=0.433$，$t_{(0.01,19)}=0.549$。

GT、AC 分别与父本、母本和双亲均值相关极显著，但性质有所不同，据此，在对糊化温度与直链淀粉含量改良时选择的主要亲本应是不相同的：向低糊化温度发展需重点选择恢复系，追求低直链淀粉含量则要重点选择不育系，二者结合选择也许可以缓解前面提到的糊化温度、直链淀粉含量的杂种优势与品质提高相矛盾的问题。

(2)外观品质

F_1 的粒长、粒宽、垩白度与父本、父母本均值相关显著，粒厚、垩白率、垩白大小与父本相关极显著，粒形与父、母本相关显著，与双亲均值相关极显著。综合来看，F_1 外观品质诸性状与父本的相关都达到了显著或极显著水平，因此，恢复系对外观品质的影响要大于不育系，杂交稻外观品质的改良应重点选择外观较好的恢复系(表 6.2-8)。

表 6.2-8　外观品质杂交种与亲本相关性

	粒长 (mm)	粒宽 (mm)	粒厚 (mm)	长/宽	CGR (%)	CA(%)	CD(%)
母本	0.563**	0.217	−0.171	0.352	−0.475*	−0.124	−0.453*
父本	0.515*	0.405	0.496*	0.399	0.662**	0.637**	0.667**
双亲均值	0.715**	0.400	0.079	0.530*	0.319	0.432	0.416

注：$r_{(0.05,19)}=0.433$，$r_{(0.01,19)}=0.549$。

综上所述，父本与母本对杂交后代不同稻米品质的影响不同，总体来说恢复系的影响要大于不育系，因此优良恢复系的研究与利用是粳型杂交稻发展与应用的前提。导致这一结果的原因虽还有待进一步研究，但由于恢复系来源于籼稻，籼稻与粳稻稻米品质的差异可能是主因。

6.3 不同粒位单粒重与稻米品质分析

6.3.1 单粒重、碾磨品质与蒸煮食味品质

碾磨品质除整精米率外，其他性状在粒位间差异分别达到显著、极显著水平（表 6.3-1）。糙米率、精米率不同粒位都表现为强势粒＜中、弱势粒。虽然整精米率粒位间差异不显著，但也表现为强势粒＜中位粒＜弱势粒。百粒重则强、弱势粒＞中位粒。由此可知，随籽粒着生部位的下降碾磨品质逐渐提高，中、弱势粒差异不明显，位于上部的籽粒碾磨品质较差。粒重变异与粒位的关系不大，只有处于中部占全穗比例较多的中位粒粒重较小。因此，穗内碾磨品质改良重点在早开花的强势籽粒，粒重改良则应偏重于中部籽粒。

表 6.3-1　碾磨品质、粒重、AC、GT 比较

粒位	糙米率（%）	精米率（%）	整精米率（%）	粒重（g）	直链淀粉含量（%）	糊化温度（ASV）
F 值	705.80**	26.10*	4.890	57.00*	56.65**	36.71*
强势粒	81.38B	73.08b	70.38	2.09a	14.55C	5.73b
中位粒	82.28A	73.84a	71.81	2.05b	15.50B	6.23a
弱势粒	82.23A	73.74a	72.75	2.09a	16.03A	6.14a

注：$F_{0.05}(2, 18)=3.52$，$F_{0.01}(2, 18)=5.93$。

粒位间 AC、GT 都存在差异（表 6.3-1）。AC 有强势粒＜中位粒＜弱势粒，ASV 有强势粒＜中、弱势粒。GT 表现相反，即强势粒 GT 最高。因此，随穗位的降低，直链淀粉含量、糊化温度都逐渐降低。直链淀粉的改良重点在中、弱势粒，糊化温度的改良重点在强势粒。

6.3.2 外观品质

粒长、垩白大小之性状于粒位间差异不显著，其他外观品质在粒位间都存在差异（表 6.3-2）。在宽度上，强势粒＜中、弱势粒。厚度上，中位粒＜强、弱势粒。由于强势粒在宽度上明显偏小，使得其籽粒长/宽最大，平均达 2.8 左右。垩白率有强势粒＜中、弱势粒。由于中位粒在一穗中所占比例最大，其垩白籽粒出现的频率也最多。垩白度分布规律与垩白率相同。由此看出，强势粒的外观品质表现较好，粒形偏长、垩白小。而中位粒、弱势粒表现较差，籽粒偏短圆形，垩白较严重。

表 6.3-2 外观品质比较

粒位	粒长 (mm)	粒宽 (mm)	粒厚 (mm)	粒长/粒宽	垩白率 (%)	垩白大小 (%)	垩白度 (%)
F 值	11.76	3820**	19.00*	1628**	60.95*	18.86	120.9**
强势粒	5.45	1.96B	1.961ab	2.802A	19.18b	17.95	3.951B
中位粒	5.39	2.78A	1.950b	1.949B	35.08a	22.21	8.078A
弱势粒	5.48	2.77A	1.968a	1.994B	29.88a	20.90	6.882A

由于中、弱势粒占据了全穗绝大多数籽粒，这两部分外观不良势必影响全穗的整体外观，因此外观品质的改良重点在中、下部籽粒。另外，造成垩白度性状差异的主要原因来自垩白米粒的多少，而非垩白的大小。

6.4 灌浆与稻米品质的关系

本章亲本为纯系材料，F_1 是杂交稻，二者灌浆性质可能存在差异。为研究灌浆与品质的关系，分别对两种材料的强、弱势粒灌浆特征值与相应稻米品质求得相关系数，但经 Z 变量转换后的 u 测验表明：绝大部分性质相同的相关在材料间与粒位间相关系数无显著差异，因此，本节合并各种材料所有粒位的有关性状值计算后得到相关系数。

6.4.1 水稻灌浆特性与碾磨品质的相关

碾磨品质与灌浆持续时间的量——T_1、T_2、T_3 和 D 都呈极显著正相关（表 6.4-1）。糙米率、整精米率分别与中期灌浆速率（V_2）、最大灌浆速率（V_{max}）负相关。其中前期灌浆速率与糙米率的变异有 16.5% 可以互相加以线性解释（$R^2 = 0.165$），而灌浆各阶段和有效灌浆期的长短与整精米率变异分别有 10%（$R^2 = 0.10$）以上可以互相加以线性解释，因此可推断，灌浆时间长、速率慢利于提高碾磨品质。

表 6.4-1　水稻灌浆特性与碾磨品质的相关分析

灌浆持续时间量	T_1	T_2	T_3	D	G_0
GW	0.037	0.052	0.055	0.058	−0.053
BRR	0.313**	0.281*	0.267*	0.248*	0.242*
HMRR	0.324*	0.348*	0.347**	0.343**	0.194
灌浆速率量	V_1	V_2	V_3	V_{max}	
GW	−0.040	0.111	−0.002	0.153	
BRR	−0.406**	−0.319**	0.233*	−0.261*	
HMRR	−0.239	−0.273*	0.201	−0.273*	

注：T_1、T_2、T_3 代表前、中和后期灌浆天数，D 代表活跃灌浆期，G_0 代表起始灌浆势；V_1、V_2 和 V_3 分别代表前、中、后期平均灌浆速率，V_{max} 代表最大灌浆速率，* 和 ** 分别代表达到显著、极显著水平。

6.4.2　水稻灌浆特性与外观品质的相关

表 6.4-2 的分析结果表明，粒宽、长/宽与灌浆特性的相关性质恰好相反，其中灌浆起始、各阶段灌浆时间、有效灌浆时间、后期灌浆速率与前者显著或极显著正相关，与后者显著或极显著负相关，前、中期速率与前者极显著负相关，与后者极显著正相关，表明灌浆时间长，会使籽粒向宽圆方向发展，粒厚与中后期灌浆时间显著正相关，与前期的灌浆速率显著负相关，但决定系数的大小表明，粒宽、长/宽的变异分别与灌浆特性的变异有 50% 以上的部分可以互相加以线性说明，而粒厚与灌浆特性的变异能够互相加以线性解释的部分较小。

表 6.4-2　水稻灌浆特性与外观品质的相关分析

灌浆持续时间量	T_1	T_2	T_3	D	G_0
L	−0.102	−0.170	−0.183	−0.198	−0.008
W	0.763**	0.798**	0.791**	0.774**	0.943**
T	0.219	0.245*	0.246*	0.246	0.062
L/W	−0.720**	−0.764**	−0.759**	−0.746**	−0.837**
CGR	0.150	0.231	0.247	0.262*	0.148
CA	0.217	0.303*	0.318*	0.333**	0.226

灌浆速率量	V_1	V_2	V_3	V_{max}
L	0.205	0.233*	0.032	0.253
W	−0.737**	−0.849**	0.929**	−0.817**
T	−0.296*	−0.188	0.076	−0.149
L/W	0.745**	0.824**	−0.816**	0.792**
CGR	−0.043	−0.075	0.189	−0.095
CA	−0.222	−0.268*	0.249	−0.281*

注：T_1、T_2、T_3 代表前、中和后期灌浆天数，D 代表活跃灌浆期，G_0 代表起始灌浆势；V_1、V_2 和 V_3 分别代表前、中、后期平均灌浆速率，V_{max} 代表最大灌浆速率，* 和 ** 分别代表达到显著、极显著水平。

　　垩白率较垩白大小受灌浆的影响小，前者与有效灌浆期显著正相关，后者与灌浆中、后期的持续期及有效灌浆期显著或极显著正相关，与最大灌浆速率和中期灌浆速率显著负相关。总体而言，垩白大小变异与灌浆持续时间变异可以互相加以线性解释的比例大于垩白大小变异与灌浆速率变异可以互相加以线性解释的比例。

6.4.3　水稻灌浆特性与蒸煮品质的相关

　　蒸煮食味品质中 AC 与灌浆相关最为密切。AC 与灌浆时间正相关，与灌浆速率负相关。即灌浆速率快、时间短有利于降低 AC（表 6.4-3）。

表 6.4-3　水稻灌浆特性与蒸煮品质的相关分析

灌浆持续时间量	T_1	T_2	T_3	D	G_0
碱消值	0.268*	0.183	0.160	0.130	0.079
直链淀粉含量	0.514**	0.502**	0.490**	0.471**	0.428**

灌浆速率量	V_1	V_2	V_3	V_{max}
碱消值	−0.155	−0.151	0.114	−0.115
直链淀粉含量	−0.528**	−0.516**	0.458**	−0.470**

注：T_1、T_2、T_3 代表前、中和后期灌浆天数，D 代表活跃灌浆期，G_0 代表起始灌浆势；V_1、V_2 和 V_3 分别代表前、中、后期平均灌浆速率，V_{max} 代表最大灌浆速率，* 和 ** 分别代表达到显著、极显著水平。

第 7 章
稻米品质稳定性及相关性的研究

植物各种性状的表现型均是基因型与环境共同作用的结果，因此作物育种和作物生产的品种布局都十分重视基因型与环境的互作。评定一个品种的应用价值，应主要考虑以下两个效应值：①品种效应；②互作效应，包括品种×地区间和品种×年份间的互作效应。品种效应显著而互作效应小的品种是具有广泛适应性的丰产型品种，适于大面积推广；而互作效应显著的品种具有特殊适应性（如对环境条件有特殊要求），只能在特定地区推广才能发挥增产作用。目前主要是用品种的稳定性来评价上述两种效应。

而从研究方法来看，研究品种稳定性的数学方法和模型很多。如线性回归方法、聚类分析、非参数分析、非线性回归分析、主成分分析和对应分析等，其中，以 Eberhart 和 RusseⅡ模型为代表的线性回归方法应用最多，其统计分析的线性模型为：

$$y_{ij} = \mu_i + b_i e_j + \delta_{ij} = \mu + g_i + b_i e_j + \delta_{ij} \qquad (7.0\text{-}1)$$

公式 7.0-1 中，y_{ij} 为第 i 个品种在第 j 个环境中的平均表现，μ_i 为第 i 个品种在所有环境下的平均表现，b_i 为第 i 个品种对环境的线性响应，e_j 为环境效应（又称环境指数），δ_{ij} 为第 i 个品种在第 j 个环境中的离回归残差。模型(7.0-1)中的 b_i 的估计为：

$$b_i = \frac{\sum_j y_{ij} e_j}{\sum e_j^2} \qquad (7.0\text{-}2)$$

该模型是在假定"品种×环境"互作与环境效应呈线性关系的前提下，根据回归系数 b_i（或回归均方）和 S_{d_i}（或离回归均方）这两个参数来确定品种对环境变化的反应。由于它既考虑到线性互作(b_i)，又反映了非线性互作(S_{d_i})，这种方法能够在理论上作出较准确的分析。但是回归模型缺少一个把线性和非线性作用统一起来的指标，使分析具有操作上的难度和误差，特别是在品种多、品种间稳定性差异较小的条件下更难以判断。

在分析品种稳定性的众多模型中，主效相加互作相乘模型（Additive Main Effects and Multiplicative Interaction，AMMI)是常用的乘积模型。AMMI 模型对主效应采用方差分析方法，对互作效应采用主成分分析，这样就将两种分析方法结合在一个模型中，同时具有可加和可乘分量的数学模型，从而兼具这两种分析方法的优点，在解决实际问题上有很大的灵活性。AMMI 的目的是要改进基因型在特定环境下表型的估计，AMMI 认为，基因型在特定环境下表型观测值不是真实表现的最好估计。基因型和环境的互作可以分解为两部分，一部分是可重复的互作效应(repeatable patterns of genotype×environment interaction)；一部分是非重复互作(nonrepeatable genotype×environment interaction)，又称噪声。因此在特定环境下对基因型进行表型估计时，如果扣除非重复互作这种噪声的影响，就可达到提高估计值的精确度的目的。

AMMI 模型的线性组成为：

$$y_{ijk} = \mu + g_i + e_j + \sum_{m=1}^{N}(IPCA_m^{Gi})(IPCA_m^{Ej}) + \delta_{ij} + \varepsilon_{ijk} \quad (7.0\text{-}3)$$

公式 7.0-3 中，μ 为群体平均数，g_i 是第 i 个基因型的效应，e_j 是第 j 个环境的效应，$IPCA_m^{Gi}$ 是第 i 个基因型在第 m 个坐标轴上的 IPCA 得分，$IPCA_m^{Ej}$ 是第 j 个环境在第 m 个坐标轴上的 IPCA 得分，N 是主坐标的个数，δ_{ij} 是基因型和环境互作效应中主成分分析后的剩余部分，ε_{ijk} 是随机误差。

在我国，AMMI 模型已被广泛应用于农作物多年多点产量试验G×E 互作的研究中（蒋开锋等，2001；张泽等，1998；刘文江等，2002)。水稻品质性状也可能存在基因型与环境的互作，因此对稻米品质的稳定性及相关性进行研究，找出其机理与规律性，对水稻的优质育种具有重要意义。本章以 2002、2003 两年辽宁省区试材料为试材，分析了以直立穗型为主的辽宁省稻米品质的适应性和稳定性，同时对稻米品质的相关性等作了分析。

7.1 稻米品质分析

7.1.1 不同年份稻米品质性状分析

通过对 2002 年各供试品种(系)稻米品质性状的变异系数分析(表 7.1-1、表 7.1-2)可以发现,不同品质性状间的变异系数存在着很大的差异,其中垩白率、垩白度、胶稠度、直链淀粉含量(中熟品种)等品质性状的变异系数较大,而糙米率、精米率、粒长等品质性状则较小。变异系数从大到小依次为:垩白度＞垩白率＞直链淀粉＞胶稠度＞粒形＞粒长＞整米率＞精米率＞糙米率。与原农业部优质食用稻米标准 NY122−86 对照,糙米率能达优质 2 级以上,精米率和整米率绝大部分能达到优质 1 级,粒长和粒形绝大部分能达到优质。但垩白率高,在所研究的 36 个品种中,垩白率＜5％的仅有 10 个,直链淀粉达到部优 1 级的有 26 个,其余达到部优 2 级。胶稠度达到部优 1 级的有 22 个,达到部优 2 级的有 11 个,其余均未达到部优 2 级。

表 7.1-1　2002 年中熟组新品种(系)稻米品质

中熟组	糙米率	精米率	整米率	粒长	粒形	垩白率	垩白度	胶稠度	直链淀粉
平均	81.76	73.44	67.26	5.15	1.85	13.30	1.20	71.55	16.26
标准差	0.80	1.26	4.41	0.32	0.13	5.20	0.51	10.13	4.71
变异系数	0.98	1.71	6.55	6.16	7.07	39.08	42.33	14.16	28.98

表 7.1-2　2002 年中晚熟组新品种(系)稻米品质

中晚熟组	糙米率	精米率	整米率	粒长	粒形	垩白率	垩白度	胶稠度	直链淀粉
平均	81.99	73.92	66.26	5.12	1.84	13.40	1.35	71.72	17.43
标准差	0.75	1.42	3.19	0.30	0.17	11.59	1.26	10.24	1.17
变异系数	0.91	1.93	4.81	5.93	9.21	86.52	93.32	14.28	6.74

从表 7.1-3 和表 7.1-4 可以看出,2003 年各供试品种(系)的稻米品质性状的变异系数差异也较大,其中垩白率、垩白度变异系数差异最大。与农业部优质食用稻米标准相比,糙米率、精米率和整米率绝大部分能达到优质 1 级,粒长和粒形绝大部分能达到优质,但垩白率高。在

所研究的 36 个品种（系）中，垩白率＜5％的仅有 8 个，米粒长度＞5.0 mm 的有 14 个，没达到总数的一半。直链淀粉全部达到部优 1 级，胶稠度达到部优 1 级的有 33 个，其余达到部优 2 级。

表 7.1-3　2003 年中熟组新品种（系）稻米品质

中熟组	糙米率	精米率	整米率	粒长	粒形	垩白率	垩白度	胶稠度	直链淀粉
平均	82.13	74.12	61.72	4.95	1.83	12.75	1.50	77.00	16.64
标准差	0.94	1.28	6.38	0.22	0.14	9.34	1.30	8.30	0.82
变异系数	1.15	1.73	10.33	4.39	7.84	73.23	86.79	10.78	4.93

表 7.1-4　2003 年中晚熟组新品种（系）稻米品质

中晚熟组	糙米率	精米率	整米率	粒长	粒形	垩白率	垩白度	胶稠度	直链淀粉
平均	82.69	74.07	66.67	4.97	1.84	14.27	1.65	77.35	15.80
标准差	0.86	1.33	2.91	0.30	0.21	11.44	1.32	7.27	1.46
变异系数	1.04	1.80	4.37	6.11	11.40	80.14	80.15	9.40	9.27

7.1.2　年份间稻米品质比较

分析表 7.1-1～7.1-4 可见，与 2002 年相比，2003 年中熟品种（系）的垩白率、垩白度明显增高，而中晚熟品种（系）却有所下降；不论是中熟品种（系）还是中晚熟品种（系）的直链淀粉均达到部优 1 级，胶稠度达到部优 1 级的品种（系）明显增多；粒形则均有不同程度的增加，但粒长明显缩短，表明糙米有向短而过细的方向发展，未达到部优级的明显增多；碾磨品质中糙米率有很大改观，都达到部优 1 级，精米率和整米率两项指标变化不大。

以上分析表明，辽宁省近年育成的新品种（系）米质状况总体较好，但需要进一步改进外观品质。

7.2　品质性状的稳定性和适应性分析

稻米品质性状既受遗传基因的控制，又受环境因素的影响，因而与产量性状一样，对于不同环境条件具有不同的适应性和稳定性。

7.2.1 品质性状变异来源的比较

对两年均参加试验的 8 个品种的 5 个试点数据从品种、年份和地点进行变异分析，结果如图 7.2-1。可见，无论是地点间、品种间，还是年份间，不同的品质性状之间的变异均存在很大的差异，外观品质性状中垩白粒率变异较大，其中垩白粒率在地点、品种、年份间的变异系数分别为 22.63%、79.94%、8.17%；营养品质如蛋白质含量变异较大；在加工品质中变异系数较大的是整精米率，它在品种间的变异系数达到 3.42%；蒸煮品质中直链淀粉含量的变异系数在年份间表现的差异较大，变异系数达 7.30%；长宽比和粒长在品种间变异较大；而其他的品质性状，如糙米率、精米率等变异系数相对较小。由于同一品种在不同年份、不同试点的环境生态条件差异主要表现在气候条件上，因而上述现象说明：气候生态条件对稻米品质的影响效应在不同的品质性状间存在差别，在不同年份、不同地点间变异系数较大的垩白粒率、蛋白质含量，不同年份间变异较大的直链淀粉含量等品质性状的表现更容易受到生态条件的影响；糙米率、精米率、整精米率及长宽比等品质性状的表现受气候生态条件的影响较小，受品种的遗传因素影响较大。

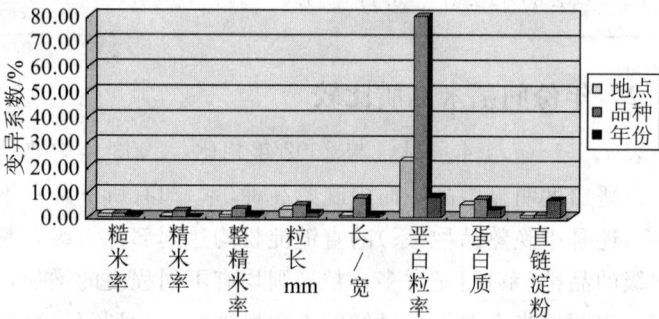

图 7.2-1 稻米品质性状在年份、地点、品种间的变异情况

7.2.2 品质性状的稳定性差异

以 2003 年辽宁省中熟组和中晚熟组品种为例，通过 AMMI 模型来分析不同品质性状对不同地点的反应。图 7.2-2 是所有品种的各品质性状平均值与地点的 IPCA1 和 IPCA2 的双标图，从图中可以看出，糙米率(g1)、精米率(g2)、直链淀粉含量(g7)距离坐标原点较近，因而较稳定，而整精米率(g3)、垩白粒率(g5)距离坐标原点较远，所以稳定性较

差。在试验地点中沈阳农业大学(e1)、海城(e7)的稳定性较好，而瓦房店(e2)、盘锦(e3)、开原(e4)的稳定性较差。

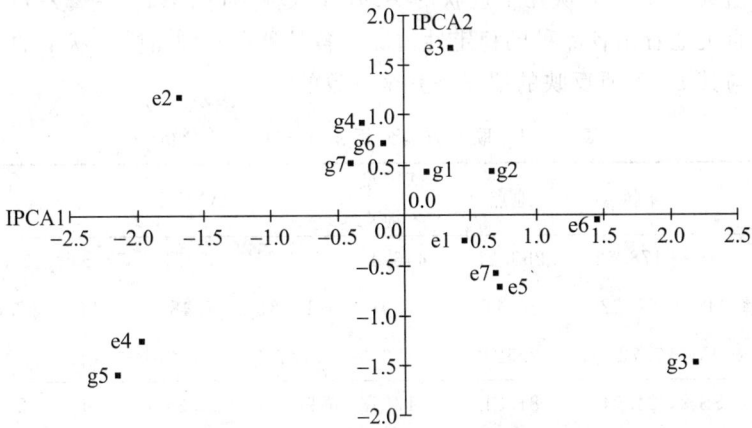

图 7.2-2　各品质性状与地点的 AMMI 双标图

注：g1：糙米率　g2：精米率　g3：整精米率　g4：长/宽　g5：垩白粒率　g6：蛋白质含量　g7：直链淀粉含量　e1：沈阳农业大学　e2：瓦房店　e3：盘锦　e4：开原　e5：铁岭　e6：苏家屯　e7：海城。

进一步对 2 年 9 个品种的不同品质性状进行研究，分析各品质性状在不同品种间是否存在差异。将组合和试点进行常规联合方差分析，对组合与地点互作显著的性状，用 AMMI 模型进行稳定性分析。本研究以辽宁省水稻品种审定时所要求的品质性状中的 4 个主要指标为研究对象，并取达到 1‰显著水平的 n 个 IPCA 在多维空间离原点的距离作为基因型稳定性的评价指标，记为 Di，其值越小则品种稳定性越高。

由表 7.2-1 可以看出，所研究的品质性状的基因型、地点效应和基因型×地点互作效应达极显著水平，表明这些性状除受基因型和地点等环境因素的控制外，还受基因型与地点的互作影响，有必要对其稳定性进行评价。AMMI 方差分析结果表明，垩白粒率、垩白度、直链淀粉含量的 3 个主成分轴(IPCA)均达显著或极显著差异水平，整精米率的两个主成分轴达极显著差异水平。由表 7.2-2 可以看出，稻米品质各性状的稳定性随品种而异，辽粳 294、沈农 9734 和沈农 01606 三品种的垩白度稳定性比其他品种高；相比较而言，沈农 9624 的垩白率稳定性参数小，稳定性高；辽粳 294、沈农 9624、东亚 434 和辽 263 的直链淀粉含量的稳定性高。各性状之间比较，直链淀粉稳定性较好，Di 平均值为 1.06。而垩白率和垩白度稳定性最差，Di 平均值分别为 2.06 和 3.04，说明这两个性状受环境影响较大，其他品质性状居中。各品种品质性状综合比较，沈农 9624、沈农 01606 和辽粳 294 的稳定性最好，Di 平均值分别为 1.23、1.46 和 1.47，而辽优 3072 的稳定性最差，Di 平均值为 3.22。而从几个性状的 AMMI 双标图（图 7.2-3～7.2-5）上则可更直观地看出各品种的稳定性情况，各品种在不同品质性状上的表现差异与其 Di 值所反映的情况是完全一致的。

表 7.2-1 联合方差分析和 AMMI 方差分析

性状		基因型	地点	基因型×地点	AMMI			合并误差
整米率	SS	178.52	253.21	446.44	221.35	89.74	77.55	57.80
	MS	22.32	36.17	7.97	15.81	7.48	7.76	2.89
	F	7.72**	12.52**	2.76**	5.47**	2.59**	2.68	
直链淀粉含量	SS	24.04	81.81	117.53	90.25	20.35	3.96	2.97
	MS	3.00	11.69	2.10	6.45	1.70	0.40	0.15
	F	20.21**	78.61**	14.12**	43.36**	11.41**	2.66*	
垩白率	SS	3.57	0.54	5.66	5.12	0.29	0.19	0.06
	MS	0.45	0.08	0.10	0.37	0.02	0.02	0.00
	F	157.40**	27.00**	35.72**	129.20**	8.59**	6.85**	
垩白度	SS	629.98	257.27	1419.49	869.58	301.50	134.24	114.17
	MS	78.75	36.75	25.35	62.11	25.12	13.42	5.71
	F	13.79**	6.44**	4.44**	10.88**	4.40**	2.35*	

表 7.2-2 各品种(系)品质性状稳定性参数

	g1	g2	g3	g4	g5	g6	g7	g8	g9	平均
整米率	2.78	1.41	1.49	1.76	0.59	2.09	1.23	0.79	1.56	1.52
垩白度	0.49	0.88	0.88	2.88	3.44	2.77	2.39	2.09	2.67	2.06
垩白率	2.45	1.41	2.18	5.68	4.34	2.24	2.79	5.15	3.04
直链淀粉含量	0.16	1.23	1.27	2.57	0.74	0.47	0.6	1.3	1.21	1.06
平均值	1.47	1.23	1.46	3.22	1.48	2.42	1.62	1.74	2.65	1.92

注：g1：辽粳 294，g2：沈农 9734，g3：沈农 01606，g4：辽优 3072，g5：沈农 9624，g6：东亚 434，g7：辽 263，g8：9681，g9：辽 138。

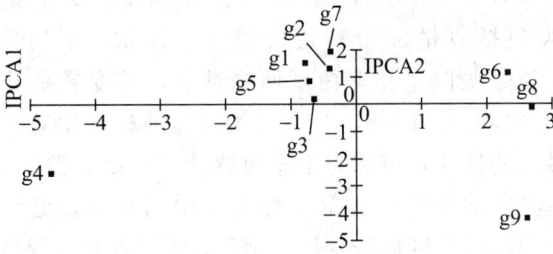

图 7.2-3　垩白粒率 AMMI 双标图

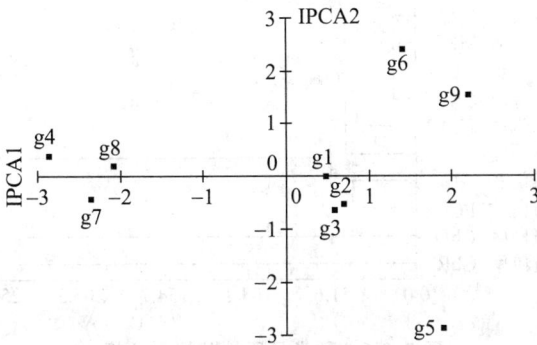

图 7.2-4　垩白度 AMMI 双标图

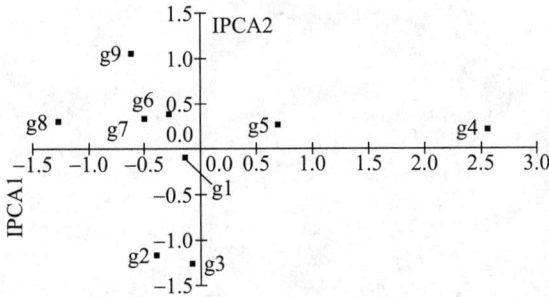

图 7.2-5　直链淀粉 AMMI 双标图

7.2.3　品质性状稳定性的聚类分析

对不同年份、不同地区各品种稻米品质性状的变异系数进行聚类分析(图 7.2-6)，结果表明，10 个性状(2002 年缺少蛋白质)大致可以划分为 5 类，第 1 类性状包括粒长、粒形、糙米率和精米率，其变异系数均较小，平均值在 2.1%～3.5%，是受气候生态条件影响较小的一类性状，基本上受品种的遗传特征制约，可称为生态稳定性状；第 2 类是整

米率，其变异系数为 7% 左右；第 3 类是胶稠度，变异系数为 12% ~
16%；第 4 类包括直链淀粉和蛋白质两个性状，平均值在 6.2% ~
10.4%；第 5 类是垩白率和垩白度两个性状，其变异系数远远大于前
4 类，平均值在 34.6% ~ 69%，是所有稻米品质性状中对气候生态条件
变化反映最敏感的性状，可称为生态敏感性状；第 2 类、第 3 类和第 4
类 4 个性状，其变异系数居各品质性状的中间水平，可统称为中间性
状，其性状表现既受品种遗传特征的制约，但又在很大程度上受气候生
态因子的影响。

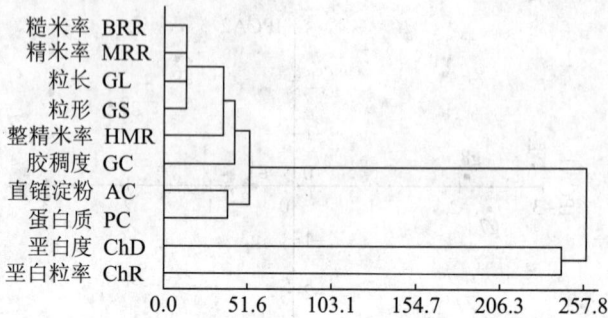

图 7.2-6 稻米品质性状聚类分析

第 3 篇　稻米品质形成的生理与生物化学基础

第 8 章
稻米品质形成的生理学

8.1 糙米鲜重、干重含水量的动态变化概况

据星川（1975）研究（图 8.1-1），糙米的鲜重在受精后几乎呈直线增长，经过 20 天，增长变得缓慢，在 25 天左右达到最大。以后变化不大，从 35 天左右开始小幅减少。鲜重最大时恰好是形态达到最大时。

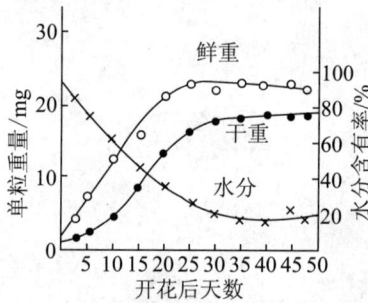

图 8.1-1 糙米发育过程中鲜重、
干重与含水量的变化

（参星川，1975）

干物重呈"S"形曲线增加，特别是灌浆开始后的 10 到 20 天增加最为显著，增加态势一般直到 35 天左右，以后几乎没有变化。干物重的增加主要是贮藏淀粉增加的结果。

灌浆初期籽粒重量几乎全是水分，到 7～8 天时水分含量达到最大，以后开始逐渐减少，在干物重显著增加的时期急速减少，到干物重最大

的 35 天左右达到 20%左右，以后直到收获都变化不大。

8.2 不同类型品种灌浆动态及其与品质的关系

8.2.1 灌浆动态

由于不同部位籽粒存在养分竞争，特别是大穗型品种，所以水稻灌浆存在同步灌浆、异步灌浆等灌浆特征。对于发育性状，现国内外学者多采用 Richards 方程加以详细分析。

Richards 方程是以生长量 W 为依变数（W 多指籽粒重），开花后天数 t（开花日为 0）为自变数的方程，公式如 2.2-1。由该方程可导出更多具有生物学意义的次级参数：起始生长势 R_0（表示受精子房的生长潜势），生长速率为最大时的日期 T_{max}，最大生长速率 G_{max}，生长速率为最大时的生长量 $W_{max.v}$，平均生长速率 $\overline{G}$，活跃生长期 D；以及灌浆的前、中（盛）、后三个时期的灌浆速率 G_1、G_2、G_3，持续时间 D_1、D_2、D_3，达到重量 W_1、W_2、W_3 等。Logistic 生长方程（2.2-2）是 Richards 方程的一种特殊形式（$N=1$），其曲线以拐点 $W=A/2$ 为中心呈旋转对称。Richards 方程较其多一个参数 N，曲线的形状由 N 决定。由于多引入一个参数 N，Richards 方程可以更好地描述作物生长过程。

1980 年辽宁省育成了高产、半矮秆直立穗型品种辽粳 5 号，多年的育种实践和理论研究都证明，直立穗型品种较传统弯穗型品种有较高的产量潜力。20 世纪 90 年代末，IRRI 以沈阳农业大学的直立大穗型粳稻沈农 89-366 为亲本之一，育成大穗、少分蘖的超高产新品系，被称为 New Plant Type rice（NPT-rice），引起巨大的国际反响，并引发我国新一轮超高产水稻育种竞赛。有关直立穗型品种产量形成生理生态，国内学者，尤其是陈温福、徐正进两位先生在《水稻超高产育种的理论与方法》一书中有过大量的系统研究。现利用 Richards 方程比较辽宁省直弯两种穗型水稻品种的灌浆特征，并分析各灌浆参数与品质的关系，依据 Richards 方程的分析方法，两种穗型品种的强、弱势粒灌浆主要特征参数见表 8.2-1。由表可见：各类型品种强势粒较弱势粒一般灌浆起始生长势、平均灌浆速率、最大灌浆速率和最终粒重均较大而灌浆历期短，但类型间强势粒的灌浆特征除起始生长势外相差较小。

表 8.2-1　不同部位籽粒灌浆特性(M±s)

		R_0	G_{max}(mg·d^{-1}·100 粒$^{-1}$)	W(g·100 粒$^{-1}$)	D(d)
弱势粒	弯穗	1.97±0.03	0.08±0.03	1.97±0.03	44.42±11.05
	直穗	2.00±0.13	0.11±0.02	2.00±0.13	37.16±4.75
强势粒	弯穗	2.36±0.34	0.14±0.03	2.36±0.34	35.28±2.07
	直穗	2.45±0.08	0.14±0.01	2.45±0.08	36.34±1.92

		G_1	G_2	G_3	$\bar{G}$
弱势粒	弯穗	0.06±0.00	0.07±0.03	0.02±0.01	0.06±0.02
	直穗	0.06±0.01	0.10±0.02	0.03±0.01	0.07±0.01
强势粒	弯穗	0.10±0.01	0.12±0.03	0.04±0.01	0.10±0.02
	直穗	0.08±0.01	0.12±0.00	0.03±0.00	0.10±0.01

注：选用的试材，包括弯穗常规稻品种沈农 315 和杂交稻品种 TA/C418，直立或半直立穗常规稻品种辽粳 9 号、辽粳 294、辽粳 263 和杂交稻品种 9158、1052。R_0：灌浆起始势，G_{max}、G_1、G_2、G_3、$\bar{G}$ 分别为最大灌浆速率、前期灌浆速率、中期灌浆速率、后期灌浆速率和平均灌浆速率，W：最终百粒重，D：有效灌浆期。

　　按灌浆态势，将灌浆过程分为前、中(盛)、后 3 期，其主要特征参数归纳如表 8.2-2。结果表明，干物质积累总量表现特点为前期较少，中、后期较大，中期积累超过总重量的 60%。不同类型品种间弱势粒的灌浆特征则在灌浆起始势，灌浆前、中、后各期持续时间及中、后期灌浆速率和最大灌浆速率上存在较大差异，表现为直立穗型品种灌浆起始势低、灌浆前期持续时间长、中后期短，中后期和平均、最大灌浆速率都较大的特点。

表 8.2-2　不同部位各灌浆时期籽粒灌浆特性(M±s)

		G_1	G_2	G_3
弱势粒	弯穗	0.06±0.00	0.07±0.03	0.02±0.01
	直穗	0.08±0.01	0.12±0.00	0.03±0.00
强势粒	弯穗	0.10±0.01	0.12±0.03	0.04±0.01
	直穗	0.08±0.01	0.12±0.00	0.03±0.00

续表

		D_1	D_2	D_3
弱势粒	弯穗	9.30±0.96	16.92±5.5	18.21±4.55
	直穗	13.05±2.27	11.55±2.74	12.59±4.13
强势粒	弯穗	2.81±0.90	12.11±0.51	20.36±2.46
	直穗	3.48±0.74	12.30±0.68	20.57±1.80
		W_1	W_2	W_3
弱势粒	弯穗	0.52±0.06	1.11±0.05	0.35±0.04
	直穗	0.69±0.11	1.04±0.15	0.28±0.08
强势粒	弯穗	0.27±0.09	1.45±0.20	0.65±0.04
	直穗	0.27±0.03	1.50±0.05	0.68±0.04

注：G_1、G_2、G_3，D_1、D_2、D_3，W_1、W_2、W_3 分别为灌浆前期、灌浆中期、灌浆后期的速率、时间和增加重量。

上述灌浆特征的形成与两种穗型品种源库关系有关。一般而言，直立穗型品种粒多库强，粒间对养分的竞争可能更大。通过剪掉顶端的倒二、倒三叶和相间剪掉半数枝梗来调节品种源库关系，结果可以对此有所印证。

源库调节对灌浆的影响效应见表 8.2-3～8.2-6。总体而言，减库和减源处理对强弱势粒灌浆特征都有影响，可以认为随着单位库占有源供应的比例提高，平均灌浆速率 $\bar{G}$、最大灌浆速率 G_{max}、最终籽粒百粒重 W 和灌浆起始生长势 R_0 增大，总灌浆期 D 及弱势粒灌浆前期持续时间 D_1、强势粒灌浆中期持续时间 D_2 缩短。与强势粒相比，弱势粒灌浆特性有较大变化。

表 8.2-3　不同处理对籽粒灌浆特性的影响

			R_0	$\bar{G}$	G_{max}
弱势粒	弯穗型	剪叶	0.09±0.02	0.05±0.02	0.08±0.04
		对照	0.13±0.06	0.06±0.02	0.08±0.03
		剪穗	0.22±0.10	0.07±0.00	0.10±0.00
	直穗型	剪叶	0.11±0.03	0.04±0.01	0.07±0.01
		对照	0.13±0.02	0.07±0.01	0.11±0.02
		剪穗	0.19±0.03	0.08±0.01	0.12±0.01

续表

			R_0	$\bar{G}$	G_{max}
强势粒	弯穗型	剪叶	0.60 ± 0.09	0.09 ± 0.01	0.13 ± 0.01
		对照	0.99 ± 0.62	0.10 ± 0.02	0.14 ± 0.03
		剪穗	0.41 ± 0.04	0.11 ± 0.01	0.16 ± 0.01
	直穗型	剪叶	0.87 ± 0.35	0.08 ± 0.01	0.13 ± 0.01
		对照	0.72 ± 0.32	0.10 ± 0.01	0.14 ± 0.01
		剪穗	1.64 ± 1.85	0.10 ± 0.01	0.15 ± 0.01

			W	D
弱势粒	弯穗型	剪叶	1.78 ± 0.15	46.01 ± 22.13
		对照	1.97 ± 0.03	44.42 ± 11.05
		剪穗	2.03 ± 0.02	38.08 ± 1.67
	直穗型	剪叶	1.88 ± 0.10	51.90 ± 12.25
		对照	2.00 ± 0.13	37.16 ± 4.75
		剪穗	2.19 ± 0.16	35.13 ± 2.01
强势粒	弯穗型	剪叶	2.26 ± 0.13	38.15 ± 6.02
		对照	2.45 ± 0.08	36.34 ± 1.92
		剪穗	2.59 ± 0.07	36.13 ± 4.38
	直穗型	剪叶	2.23 ± 0.35	35.47 ± 1.77
		对照	2.36 ± 0.34	35.28 ± 2.07
		剪穗	2.56 ± 0.16	31.87 ± 1.24

注：R_0 代表起始生长势，G_{max} 代表最大生长速率，$\bar{G}$ 代表平均生长速率，W 代表最终百粒重，D 代表有效灌浆期。

表 8.2-4　不同处理对籽粒各阶段灌浆持续期的影响

			D_1	D_2	D_3
弱势粒	弯穗型	剪叶	14.15 ± 2.05	16.66 ± 10.99	15.23 ± 13.17
		对照	9.30 ± 0.96	16.92 ± 5.54	18.21 ± 4.55
		剪穗	7.52 ± 3.79	13.50 ± 0.88	17.09 ± 4.56
	直穗型	剪叶	12.86 ± 1.93	18.52 ± 5.27	20.52 ± 6.62
		对照	13.05 ± 2.27	11.55 ± 2.74	12.59 ± 4.13
		剪穗	9.26 ± 2.46	12.10 ± 1.06	13.78 ± 3.18

续表

		D_1	D_2	D_3
强势粒	弯穗型			
	剪叶	3.10±0.11	12.36±0.49	20.01±1.39
	对照	2.81±0.90	12.11±0.51	20.36±2.46
	剪穗	4.18±0.18	11.18±0.50	16.51±0.55
	直穗型			
	剪叶	3.86±1.49	12.85±2.18	21.44±5.31
	对照	3.48±0.74	12.30±0.68	20.57±1.80
	剪穗	3.32±1.18	12.16±1.39	20.66±4.08

注：D_1、D_2、D_3 分别为灌浆前期、灌浆中期、灌浆后期时间。

表 8.2-5　不同处理对籽粒各阶段灌浆速率的影响

		G_1	G_2	G_3
弱势粒	弯穗型			
	剪叶	0.05±0.01	0.07±0.04	0.02±0.01
	对照	0.06±0.00	0.07±0.03	0.02±0.01
	剪穗	0.06±0.01	0.09±0.00	0.02±0.00
	直穗型			
	剪叶	0.04±0.01	0.06±0.01	0.02±0.00
	对照	0.06±0.01	0.10±0.02	0.03±0.01
	剪穗	0.06±0.01	0.10±0.01	0.03±0.00
强势粒	弯穗型			
	剪叶	0.09±0.01	0.11±0.01	0.03±0.00
	对照	0.10±0.00	0.12±0.03	0.04±0.01
	剪穗	0.10±0.01	0.14±0.01	0.04±0.00
	直穗型			
	剪叶	0.07±0.02	0.11±0.01	0.03±0.00
	对照	0.08±0.01	0.12±0.00	0.03±0.00
	剪穗	0.09±0.02	0.13±0.01	0.04±0.01

注：G_1、G_2、G_3 分别为灌浆前期、灌浆中期、灌浆后期的速率。

表 8.2-6　不同处理对各阶段籽粒增重的影响

			W_1	W_2	W_3
弱势粒	弯穗型	剪叶	0.66±0.13	0.90±0.19	0.23±0.10
		对照	0.52±0.06	1.11±0.05	0.35±0.04
		剪穗	0.44±0.15	1.18±0.08	0.42±0.09
	直穗型	剪叶	0.49±0.03	1.06±0.08	0.33±0.04
		对照	0.69±0.11	1.04±0.15	0.28±0.08
		剪穗	0.56±0.14	1.23±0.10	0.40±0.07
强势粒	弯穗型	剪叶	0.27±0.02	1.37±0.22	0.60±0.11
		对照	0.27±0.09	1.45±0.20	0.65±0.04
		剪穗	0.39±0.01	1.55±0.10	0.63±0.05
	直穗型	剪叶	0.26±0.07	1.38±0.09	0.62±0.09
		对照	0.27±0.03	1.50±0.05	0.68±0.04
		剪穗	0.28±0.07	1.59±0.05	0.72±0.08

注：W_1、W_2、W_3 分别为灌浆前期、灌浆中期、灌浆后期增加的重量。

两种穗型品种相比，弯穗型品种强势粒的 D_2、D、G_1、G_{max} 和弱势粒的 D_1、R_0 变幅较大，直穗型品种强势粒的 R_0 和弱势粒的 D、$\bar{G}$、G_{max}、W 变幅大。

为了明确弱势粒籽粒灌浆究竟是以源限制为主还是以库活性的制约为主，课题组又选择一个偏大直立穗型品种辽星1号为试材，在穗颈抽出叶鞘0～1 cm 的稻穗时，根据穗上枝梗数目，分别进行保留全穗枝梗、保留穗下部 2/3 枝梗和保留穗下部 1/3 枝梗三个梯度减库处理，并获得如表 8.2-7 编号的相应强弱势粒。

表 8.2-7　梯度减库试验的粒位编号

枝梗构成	粒位	编号	枝梗构成	粒位	编号	枝梗构成	粒位	编号
全穗枝梗	上部强势粒	111US	保留穗下部 2/3 枝梗	—	—	保留穗下部 2/3 枝梗	—	—
	中部强势粒	111MS		中部强势粒	011MS		—	—
	下部强势粒	111LS		下部强势粒	011LS		下部强势粒	001LS
	下部弱势粒	111LI		下部弱势粒	011LI		下部弱势粒	001LI

注：U：上部，M 中部，L：下部，S：强势粒，I：弱势粒。

表 8.2-8 表明，当人工减除上位枝梗时，剩余枝梗籽粒千粒重增加，同一穗位强弱势粒间千粒重的差异降低，且差值幅度随剔除枝梗数目增大而降低。方差分析表明，在不同年份的同一粒位千粒重（$F = 51.72^{**}$）及同一穗位的强弱势粒千粒重间（$F = 35.10^{**}$）有显著差异，但同一粒位千粒重并不因源供应水平变化而发生显著变化（$F = 0.7687$）。新复极差测验结果进一步表明，仅保留穗下部枝梗时，穗下部强势粒千粒重与自然状态下的最大千粒重无显著差异，但下部弱势粒千粒重与各部位强势粒千粒重则呈极显著差异。这表明，下部弱势粒库活性对单粒重的影响是第一位的。用 Logistic 方程模拟强弱势粒灌浆过程所得部分参数如表 8.2-9。可见，随着同化物供应强度的增大，穗下部强势粒灌浆起始势 R_0、最大灌浆速率 G_{max} 及平均灌浆速率 $\overline{G}$ 均有显著增加，虽然弱势粒三个参数亦有增加，但增加幅度较小；相反，强势粒活跃灌浆期明显缩短，而弱势粒缩短幅度较小。可见，四个参数在强弱势粒之间的差值增大，且其差值随同化物供应强度的增加而增大。简单相关分析结果表明（表 8.2-10），千粒重与 R_0、G_{max}、$\overline{G}$ 呈极显著正相关，而与 D 极显著负相关，且各灌浆参数间也存在极显著的相关关系。

表 8.2-8　不同枝梗构成的穗下部强弱势粒千粒重(单位：g/1 000 粒)

穗位编码	2008 年度			2009 年度			平均	
	S	I	S−I	S	I	S−I	S	I
111L	24.75± 0.00	20.83± 0.00	3.92	25.13± 0.00	20.8± 0.00	4.33	25.13c	20.80f
011L	25.55	21.75	3.8	25.18	21.73	3.45	25.18c	21.73e
001L	25.95	22.59	3.36	25.98	22.63	3.35	25.98ab	22.60d
111M	25.4			25.4			25.40bc	
011M	25.5			25.5			25.50bc	
111U	26.05			26.13			26.13a	

注：S：强势粒，I：弱势粒。

表 8.2-9　Logistic 方程模拟 2008 年辽星 1 号灌浆过程的部分参数

粒位	R^2	R_0	$S_{R_0}-I_{R_0}$	G_{max}	$S_{Gmax}-I_{Gmax}$	$\overline{G}$	$S_{\overline{G}}-I_{\overline{G}}$
111LS	0.998 2	0.136 4		0.082 2		0.054 8	
111LI	0.994 6	0.117 8	0.018 6	0.064 7	0.017 5	0.043 1	0.011 7
011LS	0.988 5	0.160 2		0.102 1		0.068	
011LI	0.996	0.112 4	0.047 8	0.064 6	0.037 5	0.043	0.025
001LS	0.993 8	0.179 9		0.115 8		0.077 2	
001LI	0.989 3	0.118 8	0.061 1	0.070 4	0.045 4	0.046 9	0.030 3

粒位	D	S_D-I_D	$T_{max.g}$	$S_{Tmax.g}-I_{Tmax.g}$	$W_{max.g}$	$S_{Wmax.g}-I_{Wmax.g}$
111LS	43.988 3		15.491 2		1.204 6	
111LI	50.933 8	-6.945 5	27.521 6	-12.030 4	1.097 9	0.106 7
011LS	37.453 2		14.985 6		1.274 1	
011LI	50.380 8	-12.927 6	24.636 1	-9.650 5	1.148 6	0.125 5
001LS	33.351 9		12.133 4		1.287	
001LI	50.005 1	-16.653 2	22.878 8	-10.745 4	1.184 8	0.102 8

R^2 为决定系数；R_0 代表灌浆起始势；G_{max} 代表最大灌浆速率；$\overline{G}$ 代表平均灌浆速率。D 代表灌浆活跃生长期（大约完成总生长量的 90 %）；$T_{max.g}$ 代表灌浆速率为最大时的日期；$W_{max.g}$ 代表灌浆速率为最大时的生长量；$S-I$ 代表强弱势粒相应参数之差。

表 8.2-10　籽粒灌浆特征及其与稻米千粒重的相关分析

	千粒重	R_0	G_{max}	$\overline{G}$	D
千粒重	——	0.905 **	0.926 **	0.926 **	-0.935 **
R_0	-0.889		0.997 **	0.997 **	-0.993 **
G_{max}	-0.792	-0.826		1.000 **	-0.996 **
$\overline{G}$	0.797	0.834	1		-0.996 **
D	-0.813	-0.784	-0.735	0.732	——

备注：上三角数据是简单相关系数，下三角数据是偏相关系数。

R_0 代表灌浆起始势，G_{max} 代表最大灌浆速率，$\overline{G}$ 代表平均灌浆速率，D 代表灌浆活跃生长期（大约完成总生长量的 90%）。

8.2.2　灌浆特性与稻米品质的相关

水稻籽粒灌浆期同时是稻米品质形成的时期，灌浆的一些动态特征可能直接影响到稻米品质。由表 8.2-11、表 8.2-12 可知，粒长与灌浆特征值相关不显著，其他品质性状与灌浆特性的关系因粒位而别。直链淀粉含量的变化特征是：强势粒受影响较大，与各项灌浆速率显著正相关，灌浆速率增加使直链淀粉含量增加，弱势粒受影响相对较小；直链淀粉含量与 R_0、G_1 显著正相关，与 T_{max} 显著负相关，说明灌浆起始生长势较大、前期速率增加会使直链淀粉含量升高，而最大灌浆速率则与直链淀粉含量呈负相关。垩白性状的变化特征是：强势粒垩白度与 G_2 显著负相关，弱势粒的垩白率与 D_1、T_{max} 显著正相关。胶稠度的变化特征是：强势粒胶稠度与 R_0、G_2、G_3、G_{max} 显著正相关；弱势粒胶稠度与 D_2、D_{max} 显著负相关，与 G_1、G_2、G、G_{max} 呈极显著正相关。另外，强势粒的粒宽与 D_1、T_{max} 极显著负相关，与 G_1 极显著正相关。

表 8.2-11　不同粒位籽粒灌浆特性与稻米品质的相关

	粒位	D	R_0	T_{max}	$\bar{G}$	G_{max}
粒长	强势粒	−0.200	−0.194	0.119	0.155	0.185
（糙米）	弱势粒	0.276	−0.057	0.255	−0.170	−0.141
粒长/宽（糙米）	强势粒	0.207	0.330	−0.589**	0.082	0.033
	弱势粒	0.390	0.039	0.072	−0.067	−0.049
垩白度	强势粒	0.284	−0.007	0.064	−0.283	−0.372
	弱势粒	0.102	−0.063	−0.015	0.015	−0.003
垩白率	强势粒	0.023	−0.244	0.100	0.094	0.156
	弱势粒	−0.114	−0.339	0.486*	−0.273	−0.216
直链淀粉	强势粒	−0.334	0.176	−0.320	0.598**	0.634**
含量（%）	弱势粒	−0.371	0.479*	−0.452*	0.393	0.401
糊化温度	强势粒	−0.423	−0.002	−0.386	0.643**	0.630**
	弱势粒	−0.519*	0.547*	−0.536*	0.542*	0.516*

备注：$df=19$，$r_{0.05}=0.433$，$r_{0.01}=0.549$。

表 8.2-12　不同粒位籽粒各阶段灌浆特性与稻米品质的相关

		D_1	D_2	D_3	G_1	G_2	G_3
粒长	强势粒	0.241	−0.256	−0.201	−0.330	0.206	0.037
(糙米)	弱势粒	0.327	0.261	0.112	−0.263	−0.166	0.128
粒宽	强势粒	−0.549**	0.252	0.301	0.625**	0.060	0.292
(糙米)	弱势粒	−0.123	0.429	0.409	−0.056	−0.121	−0.112
垩白度	强势粒	−0.130	0.270	0.260	−0.208	−0.442*	−0.346
	弱势粒	−0.131	0.134	0.137	−0.094	0.010	0.233
垩白率	强势粒	0.040	0.041	−0.001	0.052	0.235	0.192
	弱势粒	0.434*	−0.167	−0.286	−0.389	−0.227	0.100
直链淀粉	强势粒	−0.012	−0.313	−0.258	0.433*	0.638**	0.528*
含量(%)	弱势粒	−0.061	−0.337	−0.355	0.444*	0.430	0.300
糊化温度	强势粒	0.001	−0.401	−0.329	0.267	0.616**	0.649**
	弱势粒	−0.318	−0.461*	−0.388	0.583**	0.543*	0.374

备注：$df=19$，$r_{0.05}=0.433$，$r_{0.01}=0.549$。

注：D_1、D_2、D_3 分别为灌浆前期、灌浆中期、灌浆后期时间；G_1、G_2、G_3 分别为灌浆前期、灌浆中期、灌浆后期的速率。

8.2.3　极端温度天气与稻米品质关系

稻米品质是品种的基因型与环境共同作用的结果，影响稻米品质的环境因素主要是灌浆期间的温度。据前人研究，灌浆期间适宜的温度应为 21 ℃～30 ℃，但高温下成熟的谷粒充实度差、米糠层与糊粉层的厚度增加，所以从灌浆物质的运输和转移分析，灌浆最适温度应为 21 ℃～26 ℃。因此在研究稻米品质与温度的关系时，除通过研究灌浆速率来研究温度的平均作用外，也应关注极端温度天气。由表 8.2-13 可见，日均温＞26 ℃的天数和日均温＜21 ℃的天数与糙米率、精米率、整米率、米粒宽、长/宽、垩白粒率、垩白面积、AC、GC 都有显著的相关，并且二者在每一个性状上的作用几乎都是消极的，高温将导致糙米率、精米率、整米率、长/宽、AC、胶稠度下降，垩白粒率、垩白面积增加，从而使除 AC 外的上述品质性状降低。

表 8.2-13　极端温度天气与稻米品质的相关

相关因子	糙米率	精米率	整米率	米粒长
＞26℃的天数	−0.923**	−0.987**	−0.943**	−0.545
＜21℃的天数	0.933**	0.982**	0.934**	0.566

相关因子	米粒宽	长/宽	垩白粒率	垩白面积
＞26℃的天数	0.992**	−0.827**	0.987**	0.861**
＜21℃的天数	−0.988**	0.813**	−0.983**	−0.848**

相关因子	直链淀粉含量	糊化温度	胶稠度
＞26℃的天数	−0.917**	−0.204	−0.840**
＜21℃的天数	0.927**	0.179	0.826**

注：$r_{0.05}=0.666$，$r_{0.01}=0.798$。

第 9 章
稻米品质形成的生物化学

9.1 灌浆过程生理指标及生化物质的变化

水稻籽粒的灌浆充实过程，主要是胚乳中淀粉的合成与积累过程。本节前半部分以弯穗形品种辽 138、北方直立大穗型常规稻辽 263 和杂交稻 9158 为材料，有关生化物质差异比较如下：

9.1.1 淀粉含量动态分析

从图 9.1-1 可以看出，3 品种的淀粉含量动态变化曲线的趋势一致。粒位间，强势粒淀粉积累起始早，积累速率高，而弱势粒起始明显迟于强势粒，且积累速率较低，两者存在明显的异步关系。在灌浆的不同时期强势粒的淀粉含量都明显高于弱势粒，这直接导致弱势粒充实率低。品种间，强势粒间及弱势粒间均相差较小，在灌浆前期迅速积累，中后期变化很小。

9.1.2 酶的活性分析

源器官制造的光合同化物以蔗糖形式运输到籽粒后，在一系列酶促作用下形成淀粉。可溶性淀粉酶和 ADPG 焦磷酸化酶是淀粉合成的调节位点，是水稻胚乳中催化淀粉生物合成的关键性酶。Q 酶不仅参与形成 α-1，6 糖苷键合成支链淀粉，而且通过产生新的非还原末端产物作为 α-葡聚糖受体，有利于 ADPG 焦磷酸化酶和淀粉合成酶的催化反应，

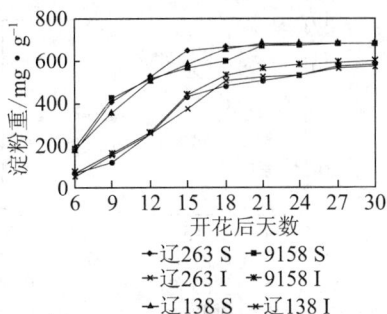

图 9.1-1　淀粉动态变化曲线

(S＝强势粒，I＝弱势粒)

提高淀粉的生物合成。

ADPG 焦磷酸化酶、可溶性淀粉酶和 Q 酶的活性动态曲线都为单峰曲线(见图 9.1-2)，灌浆初期酶的活性很低，随着灌浆进程酶的活性增加，达到峰值后开始下降。酶活性的大小和峰值出现的时间因品种、粒位及酶的不同而异。强、弱势粒间比较：灌浆前期(3～18 天左右)强势粒中三个酶的活性与酶的活性峰值都显著高于弱势粒；弱势粒酶的活性则在灌浆后期(18～30 天左右)高于强势粒，且在此期间达到活性高峰。品种间比较：辽 138 的 3 种酶活性均高于北方直立穗形水稻 9158 和辽 263。三种酶间比较：可溶性淀粉合成酶的活性变化动态与 ADPG 焦磷酸化酶同步或稍为提前，而 Q 酶的活性高峰要明显滞后于 ADPG 焦磷酸化酶和可溶性淀粉合成酶。可见在灌浆初期 ADPG 焦磷酸化酶和淀粉合成酶在淀粉合成代谢中起相对重要的作用，Q 酶在水稻灌浆中后期籽粒支链淀粉的合成代谢中起重要作用。

9.1.3　蛋白质与自由氨基酸

玉置雅彦(1989)等学者的研究表明，在未成熟的糙米及其煮成的米饭中，含有丰富的自由氨基酸，但其数值随成熟而下降，尤其在米饭表面，其含量会持续下降至成熟后期。依品种来看，优良食味品质的稻米富含大量氨基酸，与糙米相比，这种趋势在米饭中更加显著。对于优良食味品质的稻米，自由氨基酸，尤其是谷氨酸，在蒸煮的过程中很容易从米饭中游离出来，而使其更具有"饭味"。

9.1.4　脂质

玉置雅彦(1989)等研究认为，伴随成熟过程，稻米结合脂质的含量

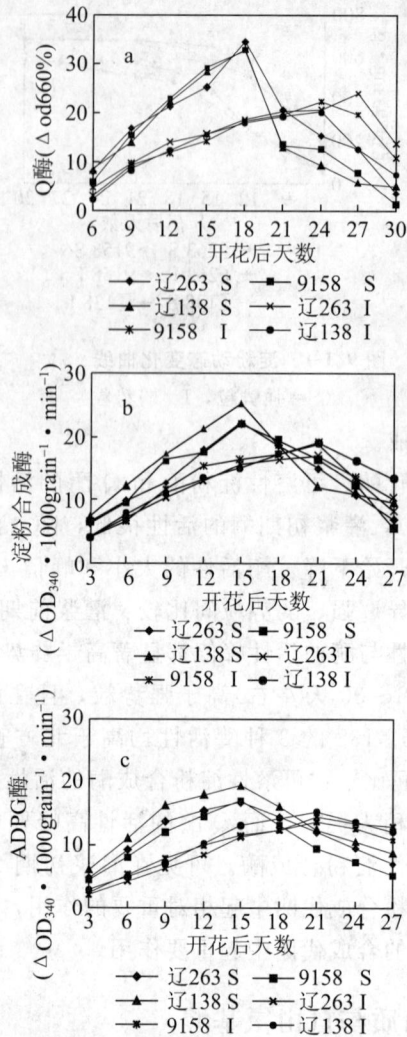

**图 9.1-2　灌浆期籽粒中 3 种酶的
活性变化**

（S=强势粒，I=弱势粒）

不断下降，在出穗 30~40 天后趋于平稳。大米粒中的脂肪大部分都是
以被膜包着的类脂体颗粒的形式存在于糊粉层中，在磨成精米的过程中
被除去。可是，纯精米中也仅仅是包含着类脂体颗粒，考虑到类脂体的
氧化与陈大米产生异味有关，因此，精米中的类脂体偏少反而是好的品
质性状。

9.2　生理生化指标与灌浆及品质的关系

9.2.1　酶活性与灌浆速率及淀粉含量的相关分析

由表 9.2-1 可以看出，除 ADPG 焦磷酸化酶活性和 Q 酶活性在 16～21 天与平均灌浆速率、最大灌浆速率和淀粉含量不相关外，其余均达到极显著相关。ADPG 焦磷酸化酶和可溶性淀粉酶在 15 天前呈正相关，16 天以后呈负相关；Q 酶在 22 天以后出现负相关。从这几个时期看，10～15 天相关系数最大，相关系数大小依次为 ADPG 焦磷酸化酶＞可溶性淀粉合成酶＞Q 酶，表明这 3 种酶均与淀粉积累关系密切，一定程度上酶活性表现为具有前期促进灌浆，后期抑制灌浆的作用。而且由相关系数得知，三种酶在淀粉合成中具有各自的独立作用。

表 9.2-1　开花后不同时间段酶活性与灌浆速率、淀粉含量的相关系数

酶种类	生理指标	开花后天数（天）				
		0～3	4～9	10～15	16～21	22～27
ADPG 焦磷酸化酶	淀粉含量	0.668**	0.876**	0.883**	−0.219	−0.748**
	G_{max}	0.719**	0.840**	0.867**	−0.08	−0.619**
	$\bar{G}$	0.733**	0.859**	0.873**	−0.097	−0.637**
淀粉合成酶	淀粉含量	0.814**	0.841**	0.914**	−0.563**	−0.871**
	G_{max}	−0.745	0.782**	0.768**	0.812**	−0.424**
	$\bar{G}$	0.794**	0.767**	0.817**	−0.451**	−0.757**
Q 酶	淀粉含量	0.877**	0.854**	0.858**	0.111	−0.873**
	G_{max}	0.817**	0.805**	0.794**	0.146	−0.739**
	$\bar{G}$	0.856**	0.826**	0.803**	0.127	−0.755**

9.2.2　酶活性与稻米品质的相关分析

水稻籽粒灌浆期也是稻米品质形成的关键时期，灌浆的好坏直接影响到稻米品质。由表 9.2-2 可见，ADPG 焦磷酸化酶与整米率在 15 天以前呈极显著正相关，16～21 天相关不显著，22 天后又呈极显著负相关；与粒长在 15 天前显著和极显著正相关，16 天后相关不显著；与粒形在 3 天前、10～15 天呈极显著正相关，其他时间相关不显著；与垩白度在 16 天后显著正相关，至 22 天后正相关极显著；与直链淀粉含量

在 4 天后开始达到极显著正相关和负相关；与胶稠度除 16～21 天这段时间外，其他时间呈极显著正相关和极显著负相关；与精米率只在 22 天呈显著负相关；与垩白率和糙米率相关不显著。淀粉合成酶与整米率和直链淀粉含量各时期呈极显著正相关和极显著负相关；与粒形在 15 天前呈极显著正相关和显著正相关；与胶稠度在除 16～21 天外，其余时间呈极显著正相关和极显著负相关；与垩白度在 22～27 天呈显著正相关；与糙米率、精米率和垩白率相关不显著。Q 酶与整米率在除16～21 天外，其余时间呈极显著正相关和极显著负相关；与垩白度、垩白率在 16～21 天呈极显著负相关，与直链淀粉含量在 22 天后呈极显著负相关；与胶稠度除 16～21 天外，其余时间呈极显著正相关和极显著负相关。从以上分析可以看出，籽粒生理活性对整米率影响最大；其次是胶稠度和直链淀粉含量。就本试验而言，对糙米率、精米率的影响最小，且没有达到显著相关水平。从水稻整个籽粒发育时期来看，对稻米品质影响最大的是 15 天前的酶活性大小。育种上若对品种品质进行早期选择，最好在 10～15 天这个时间段进行。

表 9.2-2　酶活性与稻米品质的相关分析

	灌浆后天数(d)	糙米率(%)	精米率(%)	整米率(%)	粒长(mm)	粒形	垩白度(%)	垩白率(%)	直链淀粉含量(%)	胶稠度(mm)
ADPG焦磷酸化酶	0～3	0.166	0.074	0.659 **	0.469 **	0.402 **	−0.202	0.165	0.281	0.637 **
	4～9	0.275	0.195	0.850 **	0.351 *	0.234	−0.169	0.060	0.447 **	0.567 **
	10～15	0.278	0.208	0.833 **	0.371 **	0.295 *	−0.164	0.007	0.419 **	0.574 **
	16～21	−0.039	−0.1926	−0.249	0.056	0.248	0.285 *	−0.161	−0.450 **	−0.027
	22～27	−0.260	−0.335 *	−0.725 **	0.066	0.237	0.390 **	0.093	−0.726 **	−0.335
淀粉合成酶	0～3	0.284	0.210	0.801 **	0.360	0.286 *	−0.176	−0.004	0.390	0.549
	4～9	0.218	0.172	0.850 **	0.386	0.320 *	−0.202	−0.151	0.346 **	0.438 **
	10～15	0.252	0.213	0.902 **	0.346	0.229 **	−0.245	−0.034	0.421 **	0.394 **
	16～21	−0.084	−0.105	−0.587 **	0.034	0.208	0.272	−0.111	−0.579 **	−0.220
	22～27	−0.277	−0.277	−0.849 **	−0.064	0.065	0.347 *	0.037	−0.677 **	−0.357 **
Q 酶	0～3	0.274	0.172	0.861 **	0.128	0.045	−0.155	−0.083	0.496 **	0.501 **
	4～9	0.340 *	0.176	0.815 **	0.152	0.103	−0.099	−0.036	0.323 *	0.424 **
	10～15	0.263	0.200	0.843 **	0.274	0.208	−0.151	0.062	0.266	0.430 **
	16～21	0.051	0.038	0.064	0.079	0.200	−0.604 **	−0.309 *	0.000	−0.061
	22～27	−0.245	−0.182	−0.849 **	−0.179	−0.015	0.202	0.041	−0.537 **	−0.501 **

展　望

1　关于北方粳稻稻米品质改良目标

随着我国社会主义市场经济的不断完善、人民生活水平不断提高，人们对优质稻米、富含特殊营养稻米的需求量将越来越大，在多元化的国际市场竞争中，也呈现出劣质米滞销、优质米畅销、名牌米短缺的局面。因此，粳稻育种必须与时俱进，以国家需求和市场需要为导向，调整育种思路，以高产、优质、多抗这一总的育种目标为前提，注重选育优质、专用、富含特殊营养和具有特殊用途的粳稻新品种，以适应多元化的市场需求。

就普通食用稻米品质育种目标来看，不同地区各有其特点。国际水稻研究所提出水稻改良的育种目标为：高的出米率和整精米率，半透明的、中长至细长的米粒，中等直链淀粉含量、中等糊化温度，以及软的胶稠度，另外还要求蛋白质含量较高。莫惠栋（1993）提出，我国稻米外观品质改良主要应选留无垩白或垩白少的，以整精米为产量评价标准，兼顾粒形的改良蒸煮食味的改良应针对米的目标而定，选育含胚米，改良特种稻米。郭咏梅等（2003）提出降低垩白和选育细长粒是杂交稻品质改良的主攻方向。吴长明等（2003）提出北方粳稻品质改良的主要策略：（1）放弃过分强调低直链淀粉含量（AC）、软胶稠度的目标，把选育 AC 为 17%～20%、胶稠度 70～80 mm、碱消值高的品种（系）作为品质改良的目标；（2）为适应市场需要，北方粳米应把选育偏长米粒作为改良品质的目标之一；（3）适当降低蛋白质含量，提高粗脂肪含量。

目前，北方粳稻主要通过籼粳亚远缘杂交的方法选育超高产水稻品种，吴长明的观点符合籼粳亚种的品质特点，是一个比较现实的品质育种目标。但要注意通过选择充实度适当偏高的品种，以利于产量品质兼顾。

加强粳稻食味研究，是当前乃至今后北方粳稻品质育种和栽培所面临的重要任务。本书以辽粳 294 为对照，对 30 个供试品种的稻米食味品质进行了比较研究。其结果是弯穗型品种的综合评定值、黏度明显优于对照，总体上较对照食味好。而直立穗型品种的外观、气味、味道、硬度都有低于对照的趋势，虽然各指标没达到显著标准，但多个指标的一致性可说明：直立穗型品种各项食味指标均不如弯穗型品种。但是也有综合评定值明显优于对照的直立穗型品种。因此，注意选择将能够育出食味较好的直立穗型品种，使产量和食味得到统一。相关分析亦表明，米饭的色泽、外观、气味、味道、黏度都与综合评定有显著相关。通径分析进一步表明，各指标对综合评定影响大小依次为色泽、味道、黏度、气味、外观、硬度。因此，育种中既要重视对食味综合评定值进行选择，也要注意设法通过对米饭的色泽、味道等单一指标进行选择来达到改良食味的目的。

在食味品质选育中，注意鉴定方法和间接性状的选择是非常必要的。本研究表明，整糙米率越高，食味越好。未熟米率、受害米率越高，味度值越差。因此，一方面，在进行食味分析时，为得出更准确结论，应采用整米为样本。另一方面，通过熟期改良，选择在收获前各粒位籽粒都能充分成熟的水稻品种，能提高整糙米率，减少未熟米率，从而间接提高食味。

从 20 世纪 70 年代起，日本开始了面向需要的新性状米研究计划，经过多年的努力，已经开发出如粳型软米、适合于糖尿病人食用的具有抗性淀粉的大米、没有过敏蛋白质的大米等很多功能性大米，而我国在这些领域还较少建树，因此，面向需要的品质育种应是一个重要的发展方向。

2　北方粳稻稻米品质改良的途径

利用品质优良的品种资源，改良高产品种的品质是育种者最常用的育种方法，许多育种家都已积累了宝贵的经验，因此，本书尝试从其他角度谈一谈品质改良的可能途径。

2.1 干预灌浆特性提高稻米品质

水稻同一穗内不同位置籽粒由于开花发育时间的先后不同，灌浆过程中优先获得足够养分的竞争能力不同，导致灌浆动态和最终贮藏物质的量存在差异，从而产生籽粒大小、粒重、品质等的不同。前人分别提出水稻灌浆的"异步灌浆""阶梯式灌浆"和"三段灌浆"现象等灌浆模式，品种灌浆特点凡此种种。一般来说，强弱势粒存在灌浆差异，凡籽粒充实度好的品种，强弱势粒的灌浆参数相差较小；充实度差的品种，强弱势粒灌浆参数相差较大，表现异步灌浆，并最终造成弱势粒的结实率、粒重和品质均与强势粒有明显区别。本研究通过不同粒位籽粒充实度比较、源库调节对不同粒位籽粒重量形成影响及灌浆特点的发育遗传分析表明，强弱势粒粒重的差异最终还是由品种本身的遗传特点决定的。左清凡(2002)也发现灌浆速率主要受基因控制而与环境互作效应较小。所以，灌浆性状与充实特点具有品种特异性，应首先通过遗传改良的方法，选择高充实度高产材料，这是提高产量和改善弱势粒品质的关键。从遗传上讲，应注重通过提高灌浆速率来缩短灌浆期。对水稻灌浆速率的选择，首先应考虑籽粒胚乳基因型；对灌浆最佳时期的选择，则应该针对改良稻穗的部位有所差异。由于各种籽粒在开花前后正是基因活跃表达的时期，因此可根据籽粒开花的时间对灌浆特性进行选择。理论上，强势粒灌浆反映基因型的特征较多，而弱势粒受内外环境的影响较大，所以重点依据强势粒来选择灌浆速率。生产实践中灌浆期长的现象往往发生在弱势粒上，对此，注意选用那些弱势粒基因型×环境互作较小而基因型值较大的材料可能更易取得好的效果。而基因型与环境的互作主要表现为细胞质与环境、胚乳与环境的互作效应。因此改善功能叶片的机能也许是提高整穗灌浆能力，特别是弱势粒灌浆的有效途径。程式华等(2005)在超级杂交稻研究中曾提出后期功能型水稻能较大幅度的增加产量。有关叶片后期功能对籽粒灌浆速率的影响值得深入研究。近年来，Wang Ertao(2008)等学者克隆到灌浆相关基因，如果能进一步明确这些基因的作用，并将之运用到水稻育种中，可能会在灌浆遗传特性改良上收到更好的效果。

北方粳稻生产的一个特点就是大面积种植直立穗型超高产品种。直立穗型品种大多籽粒充实不如弯穗型品种好。本研究表明，不同穗型品种充实表现不同。从全穗来看，直立穗型品种不同粒位间充实差异较大，籽粒整齐度差，导致稻米碾米、外观品质差，整米粒粒重比例低、碎米率增加。直立穗型品种籽粒充实率提高、增产的同时往往碎米率加大，碎米率制约着整精米率的提高，对稻米食味也有不良影响。徐正进等(2002)认为，由于直立穗型品种穗下部二次枝梗多、穗着粒密度大、穗内部透气性差，往往造成直立穗型稻穗下部空秕率高、籽粒充实程度差。选择穗上部二次枝梗较多以及后期叶片功能强的品种利于提高籽粒充实。也有研究认为，粒位间籽粒充实率与其粒位的着粒密度并无密切联系，不同粒位籽粒的充实能力可能与其自身生理活性有关(丁君辉等，2003)。因此如何从内在的生理机制方面研究产量与某些稻米优质性状的相互关系，协调互进，是当前需要解决的问题。

本研究还发现，无论强、弱势粒其灌浆都以遗传控制为主，但环境影响也很重要，特别是弱势粒。说明灌浆特性可以通过遗传的方法加以改良，但同时又要注意通过肥水、生长调节物质的运作等栽培措施来提高弱势粒充实度。赵全志等(2006)通过化学调控，增加后期叶片功能对改善充实状况起到了良好作用。

2.2 诱变技术是创造稻米品质突变体的有效途径

1970年以来，以改变稻米成分为目标，日本很多研究机构通过 γ 射线或化学诱变的方法开展了水稻的诱变研究。通过大量的工作，得到 *dull* 等系列低直链淀粉含量的突变体(菊地治己，1988；奥野员敏等，1983；佐藤光等，1981；Yano, M. et al., 1988)、高、低蛋白质含量突变体(T. Kumamaru, et al., 1988)等，并利用这些突变体开展了粳稻成分改良工作。同时，开展了能调节人体生理节律、预防疾病、促进健康的功能性水稻品种选育。目前日本已经成功育成高蛋白质、高赖氨酸、低谷蛋白、调节血压等多种类型的功能米。可以说，这是稻米品质改良的一个突破。

在我国，这方面的研究，尤其是与育种相结合的研究还很薄弱，应大力加强。

2.3 生物技术育种是改良稻米品质的必然趋势

随着技术进步和全世界学者的努力，不仅有越来越多的作物基因组精细图被描绘，包括基因表达、翻译、蛋白质组以及生物信息学方面的作物分子数据，每天都以海量的方式增长。荷兰学者 Peleman 和 van der Voort 于2003年提出分子设计育种的概念，即从基因、表达、细胞层次上研究生物体(农作物品种)所有成分的网络互作行为和生长、发育过程及其对环境反应的动力学行为，并了解其作用机制，继而使用各种"组学"(基因组、转录组、蛋白质组、结构基因组、代谢组、生理组、生物信息)数据，在计算机平台上建模、预测和验证，构建出符合育种目标的品种设计蓝图，最终结合育种技术实践(包括分子育种技术)培育出符合设计要求的农作物新品种。因此，利用分子育种的手段，改良稻米品质必然会成为今后的一个重要发展方向。

目前，利用分子手段改良的品质性状主要是化学品质，改良的目标主要有两个方面，一是增加有效成分的含量，二是改变一些成分的质量或配比。在这方面，尤以 2000 年孟山都公司将八氢番茄红素合成酶(psy)、八氢番茄红素碱不饱和酶(crtI)、菌脂色素 β 环化酶 3 种基因放在 2 个载体上，用共转化法导入水稻，成功获得能增加 β-胡萝卜素的转基因水稻而引人注目(Xudong Ye, et al.，2000)，这种水稻胚乳颜色呈浅黄色，被称为金色大米。同时稻米淀粉品质和含量的改良也取得了很大进展(Zhixi Tian, et al.，2009)。

总之，就我国稻米品质而言，无论是机理研究，还是育种改良实践，都还有许多工作要做。

本研究培养的研究生及其学位论文

博　士

1. 吕文彦　粳稻品质兼及品质与产量关系研究，2000.6
2. 马莲菊　北方粳稻稻米品质生理与遗传机制研究，2005.6
3. 邵国军　辽粳系列水稻品种高产优质形成机理研究，2007.12

硕　士

1. 崔鑫福　北方粳稻灌浆生理特性及其与品质的相关研究，2006.6
2. 武翠　水稻灌浆速率、稻米品质的遗传及其关系分析，2007.6
3. 刘涛　不同穗型粳稻粒位间籽粒充实及其与稻米品质关系的比较研究，2007.6
4. 孙振东　辽宁水稻品质及产量的稳定性与相关性研究，2007.6
5. 徐兴伟　直立穗型水稻不同粒位籽粒胚乳结构的形成动态及其与品质的关系，2008.6
6. 尹长斌　水稻重要农艺性状 QTL 定位及稻米品质设计育种，2008.6
7. 刘威　辽宁水稻新品系籽粒充实度差异及其与产量品质性状的相关性分析，2008.12
8. 王建强　水稻矮秆突变体遗传分析，2009.6
9. 高燕　水稻枝梗密度与产量的关系及弱势粒充实的可调控性，2010.6
10. 王玉　利用复合性状开展 QTL 作图的有效性研究，2010.6

本研究发表的有关稻米品质论文

[1] 吕文彦，曹萍，邵国军，等．辽宁省主要水稻品种的品质性状研究[J]．辽宁农业科学，1997(5)：7—11．

[2] 吕文彦，邵国军，曹萍，等．灌浆期日均温对稻米品质的影响[J]．辽宁农业科学，1998(4)：1—5．

[3] 吕文彦，曹萍，侯秀英，等．辽宁省水稻品质兼及品质与产量关系的研究：Ⅰ 品质与产量概况[J]．辽宁农业科学，2000(5)：1—4．

[4] 吕文彦，邵国军，曹萍，等．辽宁省水稻品质兼及品质与产量关系的研究：Ⅱ 对应分析与偏相关分析[J]．辽宁农业科学，2000(6)：1—5．

[5] 吕文彦，邵国军，曹萍，等．辽宁省水稻品质兼及品质与产量关系的研究：Ⅲ 不同穗型品种的强势粒与弱势粒的品质差异[J]．辽宁农业科学，2001(1)：1—5．

[6] 吕文彦，邵国军，裴忠友，等．辽宁省水稻品质兼及品质与产量关系的研究：Ⅳ 源库关系与稻米品质与弱势粒的品质差异[J]．辽宁农业科学，2001(2)：1—4．

[7] 吕文彦，邵国军，曹萍，等．辽宁省水稻品质兼及品质与产量关系的研究：Ⅴ 稻谷灌浆与稻米品质[J]．辽宁农业科学，2001(6)：19—21．

[8] 邵国军，吕文彦，裴忠友，等．辽宁省水稻品质兼及品质与产量关系的研究：Ⅵ 浅论辽宁省水稻优质育种方向及高产优质相结合的途径[J]．辽宁农业科学，2002(1)：1—4．

[9] 吕文彦，邹清敏，郭玉华，等．稻谷颖壳开裂特点及其影响的初步研究[J]．吉林农业大学学报，2003，25(3)：246—249．

[10] 吕文彦，张鉴，曹萍，等．粳稻品质及其与产量关系的遗传研究[J]．华中农业大学学报，2002，21(4)：325—328．

[11] 吕文彦，曹萍，郭玉华，等．论"株系循环双向选优法"[J]．中国农学通报，2003，19(1)：84—86．

[12] 吕文彦，曹萍，张鉴，等．辽宁省辽河平原稻区不同产地稻米品质差异比较研究[J]．中国农学通报，2003，19(4)：49—51．

[13] 吕文彦，张鉴，邵国军，等．粳稻品质性状间及其与经济性状间的遗传相关[J]．遗传，2005，25(4)：601—604．

[14] 崔鑫福，马莲菊，吕文彦，等．北方粳稻籽粒灌浆特性及其

与糖代谢酶的活性关系研究[J]. 吉林农业大学学报，2005，27（1）：15—18.

[15] 曹萍，吕文彦，裴忠友. 加强蒸煮与食味品质鉴定优化我省稻米品质[J]. 辽宁农业科学，2002(5)：33—36.

[16] 马莲菊，吕文彦，孙振东，等. 粳稻稻米品质稳定性及其相关性分析[J]. 吉林农业大学学报，2007(4)：360—363，367.

[17] 曹萍，马莲菊，吕文彦，等. 辽宁省中熟水稻新品种(系)品质性状的综合分析[J]. 辽宁农业科学，2005(1)：14—16.

[18] 曹萍，邵国军，吕文彦，等. 节水栽培对稻米品质影响初步研究[J]. 沈阳农业大学学报，2004，35(3)：177—179.

[19] 马莲菊，吕文彦，崔鑫福，等. 辽优 1052 及其亲本灌浆特性与源库关系比较[J]. 沈阳农业大学学报，2004，35(3)：180—183.

[20] 马莲菊，吕文彦，邵国军，等. 中晚熟粳稻米质性状综合分析[J]. 沈阳农业大学学报，2006(4)：16—19.

[21] 马莲菊，崔鑫福，吕文彦. 淀粉合成相关酶活性变化及其与籽粒灌浆和稻米品质的关系[J]. 山东农业大学学报：自然科学版，2006(3)：39—43.

[22] 武翠，邵国军，吕文彦，等. 粳稻糊化温度遗传研究[J]. 作物学报，2007，33(6)：1041—1044.

[23] 刘涛，于冰，张鉴，等. 直立穗型水稻株型关联性状的比较研究[J]. 安徽农业科学，2007(15)：4455—4457.

[24] 武翠，邵国军，吕文彦，等. 不同发育时期水稻强、弱势粒灌浆速率的遗传分析[J]. 中国农业科学，2007(6)：1135—1141.

[25] 邵国军，程海涛，刘涛，等. 弯穗型水稻籽粒充实度的研究[J]. 吉林农业大学学报，2007，29(6)：601—606.

[26] 吕文彦，武翠，程海涛，等. 不同环境下杂交粳稻直链淀粉含量的遗传分析[J]. 作物学报，2008，34(4)：724—728.

[27] 曹萍，吕文彦，程海涛，等. 辽宁省代表性水稻品种食味特性及其与糙米粒质关系分析[J]. 华中农业大学学报：自然科学版，2008，27(4)：451—455.

[28] 徐兴伟，尹长斌，吕文彦，等. 不同穗型粳稻胚乳发育过程研究[J]. 河南农业科学，2008，(3)：33—37.

[29] 刘威，张鉴，吕文彦，等. 辽宁省水稻新品系籽粒充实度及其与产量性状的关系[J]. 沈阳农业大学学报，2009，40（6）：712—715.

［30］高燕，吕文彦，王建强，等．北方粳稻品种一次枝梗密度变异及其与产量性状的关系［J］．江苏农业科学，2010(3)：80－82．

［31］呼楠，吕文彦，高燕，等．梯度减除上部颖花对水稻弱势粒稻米品质的影响［J］．北方水稻，2011，41(1)，4－8．

附　录

几个稻谷、稻米及稻米品质测定的国家标准

GB 1350－1999 稻谷

前　言

GB 1350－1986《稻谷》实施发布 12 年以来，对我国稻谷的生产和流通起了重要的作用，但随着稻谷品种的不断改进和市场经济的发展，原标准中的一些指标已不适应，需对其加以修订。

新增内容：质量要求增加"整精米率"和"谷外糙米"指标。

主要修订内容：

——将原分类修改为五类，即：早籼稻谷、晚籼稻谷、粳稻谷、粳糯稻谷、籼糯稻谷。

——粳稻谷、粳糯稻谷出糙率统一为一个标准，中等质量为不低于77.0%，不再划分一、二、三类地区。

——将"晚籼稻谷""籼糯稻谷"水分修订为不超过 13.5%，与早籼稻谷相同，粳稻谷、粳糯稻谷水分修订为不超过 14.5%。

本标准的附录 A 是标准的附录。本标准从实施之日起，代替GB1350－1986。

本标准由国家粮食储备局、中华人民共和国农业部提出。本标准负责起草单位：国家粮食储备局标准质量管理办公室；参加起草单位：湖北省粮食局、广东省粮食局、上海市粮食局、国家粮食储备局成都粮

科所。

本标准主要起草人：唐瑞明、龙伶俐、余敦年、王志明、刘光亚、管景诚、王杏娟。

1　范围

本标准规定了稻谷的有关定义、分类、质量要求、检验方法及包装、运输、贮存要求。

本标准适用于收购、贮存、运输、加工、销售的商品稻谷。

2　引用标准

下列标准所包含的条文，通过在本标准中引用而构成为本标准的条文。本标准出版时，所示版本均为有效。所有标准都会被修订，使用本标准的各方应探讨使用下列标准最新版本的可能性。

GB/T 5490－1985 粮食、油料及植物油脂检验一般规则

GB 5491－1985 粮食、油料检验 扦样、分样法

GB/T 5492－1985 粮食、油料检验 色泽、气味、口味鉴定法

GB/T 5493－1985 粮食、油料检验 类型及互混检验法

GB/T 5494－1985 粮食、油料检验 杂质、不完善粒检验法

GB/T 5495－1985 粮食、油料检验 稻谷出糙率检验法

GB/T 5496－1985 粮食、油料检验 黄粒米及裂纹粒检验法

GB/T 5497－1985 粮食、油料检验 水分测定法

3　定义

本标准采用下列定义：

3.1　早籼稻谷：生长期较短、收获期较早的籼稻谷，一般米粒腹白较大，角质粒较少。

3.2　晚籼稻谷：生长期较长、收获期较晚的籼稻谷，一般米粒腹白较小或无腹白，角质粒较多。

3.3　粳稻谷：粳型非糯性稻谷的果实，籽粒一般呈椭圆形，米质黏性较大胀性较小。

3.4　籼糯稻谷：籼型糯性稻的果实，糙米一般呈长椭圆形和细长形，米粒呈乳白色，不透明，也有呈半透明状（俗称阴糯），黏性大。

3.5　粳糯稻谷：粳型糯性稻的果实，糙米一般呈椭圆形，米粒呈乳白色，不透明，也有呈半透明状（俗称阴糯），黏性大。

3.6　出糙率：净稻谷脱壳后的糙米（其中不完善粒折半计算）占试样质量的百分率。

3.7　整精米：糙米碾磨成精度为国家标准一等大米时，米粒产生破碎，其中长度仍达到完整精米粒平均长度的五分之四以上（含五分之

四)的米粒。

3.8 整精米率：整精米占净稻谷试样质量的百分率。

3.9 不完善粒：包括下列尚有食用价值的颗粒：

3.9.1 未熟粒：籽粒未成熟不饱满，米粒外观全部为粉质的颗粒。

3.9.2 虫蚀粒：被虫蛀蚀并伤及胚乳的颗粒。

3.9.3 病斑粒：糙米胚或胚乳有病斑的颗粒。

3.9.4 生芽粒：芽或幼根已突出稻壳，或检验糙米芽或幼根已突破种皮的颗粒。

3.9.5 霉变粒：稻谷生霉，去壳后糙米胚或胚乳变色或变质的颗粒。

3.10 谷外糙米：稻谷由于机械损伤等原因形成的糙米粒。

3.11 杂质：除本种粮粒以外的其他物质，包括下列几种：

3.11.1 筛下物：通过直径 2.0 mm 圆孔筛的物质。

3.11.2 无机杂质：泥土、砂石、砖瓦块及其他无机物质。

3.11.3 有机杂质：无食用价值的稻谷粒、异种粮粒及其他有机物质。

3.12 黄粒米：胚乳呈黄色，与正常米粒色泽明显不同的颗粒。

3.13 色泽、气味：一批稻谷固有的色泽和气味。

4 分类

稻谷分为早籼稻谷、晚籼稻谷、粳稻谷、籼糯稻谷、粳糯稻谷五类。

5 质量要求

5.1 早籼稻谷、晚籼稻谷、籼糯稻谷按出糙率和整精米率分等级，质量指标见表1。

表 1 籼稻谷质量指标

等级	出糙率（%）	整精米率（%）	杂质（%）	水分（%）	色泽、气味
1	≥79.0	≥50.0			
2	≥77.0	≥50.0			
3	≥75.0	≥50.0	≤1.0	≤13.5	正常
4	≥73.0	≥50.0			
5	≥71.0	≥50.0			

注：水分含量大于表1规定的稻谷的收购，按国家有关规定执行。

5.2 粳稻谷、粳糯稻谷按出糙率和整精米率分等级，质量指标见表2。

表 2　籼稻谷质量指标

等级	出糙率(%)	整精米率(%)	杂质(%)	水分(%)	色泽、气味
1	≥81.0	≥60.0			
2	≥79.0	≥60.0			
3	≥77.0	≥60.0	≤1.0	≤14.5	正常
4	≥75.0	≥60.0			
5	≥73.0	≥60.0			

注：水分含量大于表 2 规定的稻谷的收购，按国家有关规定执行。

5.3　各类稻谷以三等为中等标准，低于五等的为等外稻谷。

5.4　稻谷中混有其他类稻谷不超过 5.0%。

5.5　各类稻谷中黄粒米不超过 1.0%。

5.6　各类稻谷中谷外糙米不超过 2.0%。

5.7　卫生检验和植物检疫按国家有关标准和规定执行。

6　检验方法

6.1　检验的一般规则按 GB/T 5490 执行。

6.2　扦样、分样按 GB 5491 执行。

6.3　色泽、气味、口味鉴定按 GB/T5492 执行。

6.4　类型及互混检验按 GB/T 5493 执行。

6.5　杂质、不完善粒检验按 GB/T 5494 执行。

6.6　出糙率检验按 GB/T 5495 执行。

6.7　黄粒米及裂纹粒检验按 GB/T 5496 执行。

6.8　水分测定按 GB/T 5497 执行。

6.9　谷外糙米检验按 GB/T 5494－1985 中 1.5 进行检验，拣选出糙米粒，称量，计算。

6.10　整精米率检验按附录 A 执行。

7　包装、运输和贮存

包装、运输和贮存按国家有标准和规定执行。

附录 A(标准的附录)整精米率检验方法

A1　仪器和用具

A1.1　天平，精确度 0.01 g；

A1.2　实验室用砻谷机、碾米机；

A1.3　谷物选筛。

A2 操作方法

称取净稻谷试样(W_0)，经脱壳后称量糙米总量(W_1)，然后从中称取一定量的糙米(W_2)，用实验碾米机磨成国家标准一等大米的精度，除去糠粉，再拣出整精米粒，称重(W_3)。

A3 结果计算

$$H\% = \frac{W_3}{W_0 \times \dfrac{W_2}{W_1}} \times 100\%$$

式中：H——整精米率；W_0——稻谷试样质量，g；W_1——糙米总质量，g；W_2——实验碾米机的最佳碾磨质量，g；W_3——整精米粒质量，g。双试验结果允许差不超过 1.0%，求其平均值即为检验结果。

GB/T 17891—1999 优质稻谷

本标准是在 GB 1350—1999《稻谷》基础上制定的，增加了优质稻谷的特性指标。

1 范围

本标准规定了优质稻谷的定义、分类、质量要求、检验方法及包装、运输、贮存的要求。

本标准适用于收购、贮存、运输、加工、销售的优质商品稻谷。

2 引用标准

下列标准所包含的条文，通过在本标准中引用而构成为本标准的条文。本标准出版时，所示版本均为有效。所有标准都会被修订，使用本标准的各方应探讨使用下列标准最新版本的可能性。

GB 1350—1999 稻谷

GB 1354—1986 大米

GB/T 5511—1985 粮食、油料检验粗蛋白质测定法

GB/T 15682—1995 稻米蒸煮试验品质评定

GB/T 15683—1995 稻米直链淀粉含量的测定

3 定义

本标准采用下列定义：

3.1 出糙率、整精米、整精米率、不完善粒、谷外糙米、杂质、黄粒米、色泽、气味，按 GB 1350—1999 中 3.6、3.7、3.8、3.9、3.10、3.11、3.12、3.13 执行。

3.2 优质稻谷：由优质品种生产，符合本标准要求的稻谷。

3.3　垩白：米粒胚乳中的白色不透明部分，包括腹白、心白和背白。

3.4　垩白粒率：有垩白的米粒占整个米样粒数的百分率。

3.5　垩白大小：垩白米粒平放，米粒中垩白面积占该整粒米投影面积的百分率。

3.6　垩白度：垩白米的垩白面积总和占试样米粒面积总和的百分比。

3.7　粒型(长宽比)：稻米粒长与粒宽的比值。

3.8　直链淀粉含量：精米中直链淀粉含量百分率。

3.9　胶稠度：精米粉碱糊化后的米胶冷却后的流动长度。

3.10　异品种粒：不同品种的稻谷粒。

4　分类

根据优质稻谷的品种分为四类：优质籼稻谷、优质粳稻谷、优质籼糯稻谷、优质粳糯稻谷。

5　质量要求

5.1　分级指标

优质稻谷分级指标见表1。

表1　优质稻谷质量指标

类别	等级	出糙率(%)≥	整精米率(%)≥	垩白粒率(%)≤	垩白度(%)≤	直链淀粉含量(干基)%	食味品质分≥	胶稠度(mm)≥	粒型(长宽比)≥	不完善粒≤	异品种粒≤	黄粒米≤	杂质≤	水分≤	色泽气味
籼稻谷	1	79	56	10	1	17.0～22.0	9	70	2.8	2	1	0.5	1	13.5	正常
	2	77	54	20	3	16.0～23.0	8	60	2.8	3	2	0.5	1	13.5	
	3	75	52	30	5	15.0～24.0	7	50	2.8	5	3	0.5	1	13.5	
粳稻谷	1	81	66	10	1	15.0～18.0	9	80	—	2	1	0.5	1	14.5	正常
	2	79	64	20	3	15.0～19.0	8	70	—	3	2	0.5	1	14.5	
	3		62	30	5	15.0～20.0	7	60	—	5	3	0.5	1	14.5	
籼糯稻谷	—	77	54	—	—	≤2.0	7	100	—	3	3	0.5	1	13.5	正常
粳糯稻谷	—	80	60	—	—	≤2.0	7	100	—	5	3	0.5	1	14.5	

5.2 定级

以整精米率、垩白度、直链淀粉含量、食味品质为定级指标，应达到表1规定；不完善粒、异品种粒、黄粒米、杂质、水分、色泽、气味按 GB 1350 规定执行；其余指标，如有两项以上指标不合格但不低于下一个等级指标的降一级定等；任何一项指标达不到三级要求时不能作为优质稻谷。

5.3 各类稻谷中的谷外糙米限度为 2.0%。

5.4 卫生检验和植物检疫按国家有关标准和规定执行。

6 检验方法

6.1 检验的一般原则、扦样、分样及色泽、气味、杂质、不完善粒、出糙率、黄粒米及裂纹粒、水分、谷外糙米、整精米率的检验，按 GB 1350—1999 中 6.1、6.2、6.3、6.4、6.5、6.6、6.7、6.8、6.9、6.10 执行。

6.2 垩白粒率

从优质稻谷精米试样中随机数取整精米 100 粒，拣出有垩白的米粒，按式(1)求出垩白粒率。重复一次，取两次测定的平均值，即为垩白粒率。

$$垩白粒率(\%) = 垩白米粒数/总粒数 \times 100\% \quad\cdots\cdots\cdots\cdots (1)$$

6.3 垩白度

在按 6.2 中拣出的垩白米粒中，随机取 10 粒(不足 10 粒者按实有数取)，米粒平放，正视观察，逐粒目测垩白面积占整粒投影面积的百分率，求出垩白面积的平均值。重复一次，两次测定结果平均值为垩白大小。垩白度按式(2)计算：

$$垩白度(\%) = 垩白粒率 \times 垩白大小 \quad\cdots\cdots\cdots\cdots\cdots (2)$$

6.4 异品种粒

随机数取稻谷或完整糙米试样两份，每份 100 粒，拣出外观和粒形不同的异品种粒，计数为异品种粒，取其平均值，即为异品种粒。

6.5 直链淀粉含量

检验按 GB/T 15683 执行，其中 GB/T 15683—1995 中 8.1 按以下规定执行。用粉碎机粉碎 10 g 精米样品(国家标准一等精度)，全部通过 80 目筛，混匀，装入磨口广口瓶中备用。用甲醇在索氏抽提器回流抽提试样 2 h，或在古氏抽提器中抽提 2 h(5 滴/s～6 滴/s)脱脂，将试样分散于盘中静置 2 h，使残余甲醇挥发及水分含量达到平衡。

6.6　胶稠度检验按附录 A 执行。

6.7　食味评分按附录 B 执行。

6.8　粒型长宽比检验按附录 C 执行。

7　包装、运输和贮存

包装、运输和贮存按国家有关标准和规定执行。

（标准的附录）

附录 A

胶稠度试验方法

A1　仪器

A1.1　高速样品粉碎机；

A1.2　孔径 0.15 mm 筛；

A1.3　涡旋振荡器；

A1.4　分析天平（精确度 0.000 1 g）；

A1.5　试管（13 mm×100 mm）、电冰箱及冰浴箱；

A1.6　沸水浴箱、水平操作台；

A1.7　水平尺、坐标纸；

A1.8　直径为 1.5 cm 的玻璃弹子球；

A1.9　实验室用砻谷机、碾米机。

A2　试剂

A2.1　0.025％麝香草酚蓝乙醇溶液：称取 125 mg 麝香草酚蓝溶于 500 mL 95％乙醇中。

A2.2　0.2 mol/L 氢氧化钾溶液。

A3　操作方法

A3.1　试样制备

将精米（精度为国家标准一等）样品置于室温下 2 天以上以平衡水分，取约 5g 磨碎为米粉，过孔径 0.15 mm 筛，装于广口瓶中备用。

A3.2　米粉水分测定

米粉水分测定按 GB 1350 执行。

A3.3　溶解样品和制胶

称取通过孔径 0.15 mm 筛的米粉试样两份，每份 100 mg（按含水量 12％计，如含水量不为 12％时，则进行折算，相应增加或减少试样的量）于试管中，加入 0.2 mL 0.025％麝香草酚蓝溶液，并轻轻摇动试管，使米粉充分分散，再加 2.0 mL 0.2mol/L 氢氧化钾溶液，并摇动试管，置于涡旋振荡器上使米粉充分混合均匀，紧接着把试管放入沸水浴中，用玻璃弹子球盖好试管口，加热 8 min，控制试管内米胶溶液面在加热过程中宜达到试管高度的二分之一至三分之一，取出试管，拿去玻璃弹子球，静置冷却 5 min 后，再将试管放在 0 ℃左右的冰水浴中冷却 20 min 取出。

A3.4 水平静置试管

将试管从冰浴中取出，立即水平放置在铺有坐标纸，事先调好水平的操作台上，在室温(25±2)℃下静置 1 h。

A3.5 测量米胶长度

及时测量米胶在试管内流动的长度(mm)。双试验结果允许差不超过 7 mm，取其平均值，即为检验结果。

附录 B

食味品质试验方法

B1 用具

B1.1 蒸饭锅；

B1.2 带盖铝盒(60mL 以上)；

B1.3 筷子；

B1.4 评分表。

B2 试样精度

按 GB 1354—1986 中特等大米要求执行。

B3 米饭的制备

按 GB/T 15682—1995 中 6.2 执行。

B4 品评要求

按 GB/T 15682—1995 中 7.3 执行。

B5 食味评定

B5.1 食味评定程序

按照米饭气味、外观、适口性和冷饭质地顺序评定。趁热打开饭盒盖，先鉴定米饭是否有米饭清香味，接着观察米饭色泽，饭粒结构，再通过咀嚼、品尝鉴定米饭的柔软性、黏散性及其滋味。再过 1 h，评定冷饭质地，看是否柔软松散，不黏结成团。

B5.2 评分

根据评定人员感觉器官鉴定评分，采用 100 分制，按表 B1 所列项目和评分标准记分。

表 B1 食味品质评分

品评人＿＿＿＿＿＿＿，　　　年　　月　　日

气味	外观	适口性	冷饭质地	综合评分
15	15	60	10	100

评分时应选择有代表性同类型优质稻谷品种，并确定其合理的分值作为评分对照。

B5.3　统计分数

每份评分表计算其平均值，即为食味品质分。

附录 C
粒型长宽比检验方法

C1　仪器用具

C1.1　测量板（平面板上粘贴黑色平绒布）；

C1.2　直尺；

C1.3　镊子。

C2　测量方法

C2.1　随机数取完整无损的精米（精度为国家标准一等）10 粒，平放于测量板上，按照头对头、尾对尾、不重叠、不留隙的方式，紧靠直尺摆成一行，读出长度。双试验误差不超过 0.5 mm，求其平均值即为精米长度。

C2.2　将测量过长度的 10 粒精米，平放于测量板上按照同一个方向肩靠肩（即宽度方向）排列，用直尺测量，读出宽度。双试验误差不超过 0.3 mm，求其平均值即为精米宽度。

C3　结果计算

按式（C1）计算粒长宽比

$$长宽比 = \frac{长度}{宽度} \quad \cdots\cdots\cdots\cdots\cdots\cdots\cdots\cdots (C1)$$

GB 1354—2009 大米

前　言

本标准第 5 章表 1、表 2 中黄粒米、矿物质、色泽、气味为强制性

指标。5.3.3、7.5、第 8 章、第 9 章为强制性条款，其余部分为推荐性条款。

本标准是对 GB 1354－1986《大米》的修订。本标准自实施之日起，代替 GB 1354－1986。

本次修订以原标准为基础，参考了国际标准化组织的标准 ISO 7301：2002 Rice－Specification 和国际食品法典委员会的标准 CODEX STAN 198－1995 Codex Standard for Rice。

本标准与 GB 1354－1986 的主要技术差异如下：

——由"全文强制"改为"条文强制"；

——明确了本标准的适用范围；

——将大米分为优质大米和大米两类；

——增加了垩白粒率等术语和定义；

——修订了碎米和加工精度的定义；

——增加了推荐性指标；

——增加了对标识、标签的要求；

——增加了判定规则。

本标准由国家粮食局提出。

本标准由全国粮油标准化技术委员会归口。

本标准负责起草单位：国家粮食局标准质量中心、中粮集团武汉科学研究设计院、湖南金健米业股份有限公司、湖北省粮油食品质量检测站。

本标准主要起草人：杜政、唐瑞明、谢健、龙伶俐、朱之光、李美琴、谢华民、李玥、卢其松、李启盛、余敦年、熊宁、杨红、陈德炳。

本标准所代替标准的历次版本发布情况为：

——GB 1354－1978，GB 1354－1986。

1 范围

本标准规定了大米的术语和定义、分类、质量要求、检验方法、检验规则，以及对包装、标签、贮存和运输的要求。

本标准适用于以稻谷、糙米或半成品大米为原料加工的食用商品大米，不适用于特种大米、专用大米、特殊品种大米以及加入了添加剂的大米。

2 规范性引用文件

下列文件中的条款通过本标准的引用而成为本标准的条款，凡是注日期的引用文件，其随后所有的修改单(不包括勘误的内容)或修订版均不适用于本标准，然而，鼓励根据本标准达成协议的各方研究是否可使用这些文件的最新版本。凡是不注日期的引用文件，其最新版本适用于本标准。

GB 1350 稻谷

GB 2715 粮食卫生标准

GB/T 5009.36 粮食卫生标准的分析方法

GB/T 5490 粮食、油料及植物油脂检验 一般规则

GB 5491 粮食、油料检验 扦样、分样法

GB/T 5492 粮食检验 粮食、油料的色泽、气味、口味鉴定

GB/T 5493 粮食检验 类型及互混检验

GB/T 5494 粮食检验 粮食、油料的杂质、不完善粒检验

GB/T 5496 粮食、油料检验 黄粒米及裂纹粒检验法

GB/T 5497 粮食、油料检验 水分测定法

GB/T 5502 粮油检验 米类加工精度检验

GB/T 5503 粮食、油料检验 碎米检验法

GB 5749 生活饮用水卫生标准

GB 7718 预包装食品标签通则

GB 14881 食品企业通用卫生规范

GB/T 15682 粮油检验 稻谷、大米蒸煮食用品质感官评价方法

GB/T 15683 大米 直链淀粉含量的测定

GB/T 17109 粮食销售包装

GB/T 17891 优质稻谷

3　术语和定义

下列术语和定义适用于本标准。

3.1　加工精度 milling degree

加工后米胚残留以及米粒表面和背沟残留皮层的程度。以国家制定的加工精度标准样品对照检验。在制定加工精度标准样品时，应参照下述文字规定：

一级：背沟无皮，或有皮不成线，米胚和粒面皮层去净的占 90% 以上。

二级：背沟有皮，米胚和粒面皮层去净的占 85% 以上。

三级：背沟有皮，粒面皮层残留不超过五分之一的占 80% 以上。

四级：背沟有皮，粒面皮层残留不超过三分之一的占 75% 以上。

3.2　不完善粒 unsound kernel

包括下列尚有食用价值的米粒：

未成熟粒：米粒不饱满，外观全部呈粉质的米粒。

虫蚀粒：被虫蛀蚀的米粒。

病斑粒：粒面有病斑的米粒。

生霉粒：粒面有霉斑的米粒。

糙米粒：完全未脱皮层的米粒。

3.3　糠粉 rice bran power

通过直径 1.0 mm 圆孔筛的筛下物，以及黏附在筛上的粉状物质。

3.4　杂质 foreign matter

除大米粒之外的其他物质，包括糠粉、矿物质、带壳稗粒、稻谷粒等。

3.5　完整米粒 whole kernel

除胚外其余部分未破损的完善米粒。

3.6　平均长度 average length

试样中完整米粒长度的算术平均值。

3.7　碎米 broken kernel

长度小于同批试样米粒平均长度四分之三、留存 1.0 mm 圆孔筛上的不完整米粒。

3.8　小碎米 small broken kernel

通过直径 2.0 mm 圆孔筛，留存在直接 1.0 mm 圆孔筛上的不完整米粒。

3.9　黄粒米 yellow−colored kernel

胚乳呈黄色，与正常米粒颜色明显不同的米粒。

3.10　籼米 milled long−grain nonglutinous rice

用籼型非糯性稻谷制成的大米，米粒一般呈长椭圆形或细长型。

3.11　粳米 milled medium to short−grain nonglutinous rice

用粳型非糯性稻谷制成的大米，米粒一般呈椭圆形。

3.12　糯米 waxy rice

用糯性稻谷制成的大米，又分为以下两种：

——籼糯米：用籼型糯性稻谷制成的大米。米粒一般呈长椭圆形或细长型，乳白色，不透明，也有的呈半透明状(俗称阴糯)，黏性大。

——粳糯米：用粳型糯性稻谷制成的大米。米粒一般呈椭圆形，乳白色，不透明，也有的呈半透明状(俗称阴糯)，黏性大。

3.13　垩白粒率 chalky kernel percentage

胚乳中有白色(包括腹白、心白和背白)不透明部分的米粒为垩白粒；垩白粒占试样米粒数的百分率为垩白粒率。

3.14　品尝评分值 taste evaluated value

大米制成米饭的气味、色泽、外观结构、滋味等各项因素评分值的总和。

3.15　直链淀粉含量 amylose content

试样所含直链淀粉的质量占试样总质量的百分率。

3.16　互混 other kind rice kernel

同一批次大米中的其他类型米粒。

3.17　色泽、气味 color, odour

整批大米的综合颜色、光泽和气味。

4　分类

按类型分为籼米、粳米和糯米三类，糯米又分为籼糯米和粳糯米。

按食用品质分为大米和优质大米。

5　质量要求

5.1　质量指标

5.1.1 大米质量指标见表 1。其中加工精度、碎米与其中小碎米、不完善粒、杂质最大限量为定等指标。

表 1　大米质量标准

品种		籼米				粳米				籼糯米			粳糯米		
等级		一级	二级	三级	四级	一级	二级	三级	四级	一级	二级	三级	一级	二级	三级
加工精度		对照标准样品检验留皮程度													
碎米	总量(%)≤	15.0	20.0	25.0	30.0	7.5	10.0	12.5	15.0	15.0	20.0	25.0	7.5	10.0	12.05
	其中小碎米(%)≤	1.0	1.5	2.0	2.5	0.5	1.0	1.5	2.0	1.5	2.0	2.5	0.8	1.5	2.3
不完善粒(%)≤		3.0		4.0	6.0	3.0		4.0	6.0	3.0	4.0	6.0	3.0	4.0	6.0

续表

品种		籼米				粳米				籼糯米			粳糯米		
等级		一级	二级	三级	四级	一级	二级	三级	四级	一级	二级	三级	一级	二级	三级
杂质最大限量	总量(%)≤	0.25		0.3	0.4	0.25		0.3	0.4	0.25		0.3	0.25		0.3
	糠粉(%)≤	0.15	0.2			0.15	0.2			0.15	0.2		0.15	0.2	
	矿物质(%)≤	0.02													
	带壳稗粒/(粒/kg)≤	3		5	7	3		5	7	3		5	3		5
	稻谷粒/(粒/kg)≤	4		6	8	4		6	8	4		6	4		6
水分(%)≤		14.5				15.5				14.5			15.5		
黄粒米(%)≤		1.0													
互混(%)≤		5.0													
色泽、气味		无异常色泽和气味													

5.1.2 优质大米质量指标见表2，其中优质籼米和优质粳米以加工精度、碎米与其中小碎米、不完善粒、垩白粒率、品尝评分值和杂质最大限量为定等指标，优质籼糯米和优质粳糯米以加工精度、碎米与其中小碎米、不完善粒和杂质最大限量为定等指标。

表2 优质大米质量指标

品种		籼米			粳米			籼糯米			粳糯米		
等级		一级	二级	三级	一级	二级	三级	一级	二级	三级	一级	二级	三级
加工精度		对照标准样品检验留皮程度											
碎米	总量(%)≤	5.0	10.0	15.0	2.5	5.0	7.5	5.0	10.0	15.0	2.5	5.0	7.5
	其中小碎米(%)≤	0.2	0.5	1.0	0.1	0.3	0.5	0.5	1.0	1.5	0.2	0.5	0.8
不完善粒(%)≤		3.0		4.0	3.0		4.0	3.0		4.0	3.0		4.0

品种		籼米			粳米			籼糯米			粳糯米		
等级		一级	二级	三级	一级	二级	三级	一级	二级	三级	一级	二级	三级
垩白粒率(%)		10.0	20.0	30.0	10.0	20.0	30.0	—	—	—	—	—	—
品尝评分值（分）≥		90	80	70	90	80	70	75					
直链淀粉含量（干基）(%)		14.0~24.0			14.0~24.0			≤2.0					
杂质最大限量	总量(%)≤	0.25		0.3	0.25		0.3	0.25		0.3	0.25		0.3
	糠粉(%)≤	0.15		0.2	0.15		0.2	0.15		0.2	0.15		0.2
	矿物质(%)≤	0.02											
	带壳稗粒/(粒/kg)≤	3		5	3		5	3		5	3		5
	稻谷粒/(粒/kg)≤	4		6	4		6	4		6	4		6
水分(%)≤		14.5			15.5			14.5			15.5		
黄粒米(%)≤		1.0											
互混(%)≤		5.0											
色泽、气味		无异常色泽和气味											

5.2　卫生指标

5.2.1　卫生指标和检验按 GB 2715 及国家有关规定执行。

5.2.2　植物检疫按有关标准和国家有关规定执行。

5.3　加工生产过程中的卫生要求

5.3.1　原料应符合 GB 1350、GB/T 17891 的规定。

5.3.2　生产过程应符合 GB 14881 的规定。

5.3.3　生产过程中，除符合 GB 5749 规定的水之外不得添加任何物质。

6　检验方法

6.1　感官检验：按 GB/T 5009.36 规定的方法执行。

6.2　色泽、气味检验：按 GB/T 5492 规定的方法执行。

6.3　互混检验：按 GB/T 5493 规定的方法执行。

6.4　杂质、不完善粒检验：按 GB/T 5494 规定的方法执行。

6.5　黄粒米检验：按 GB/T 5496 规定的方法执行。

6.6　水分检验：按 GB/T 5497 规定的方法执行。

6.7　加工精度检验：按 GB/T 5502 规定的方法执行。

6.8　平均长度检验：随机取完整米粒 10 粒，平放于黑色背景的平板上，按照头对头、尾对尾、不重叠、不留隙的方式，紧靠直尺排成一行，读出长度。双试验误差不应超过 0.5 mm，求其平均值即为大米的平均长度。

6.9　碎米检验：按 GB/T 5503 规定的方法执行。

6.10　品尝评分值检验：按 GB/T 15682 规定的方法执行。

6.11　直链淀粉含量检验：按 GB/T 15683 规定的方法执行。

6.12　垩白粒率检验：按 GB/T 17891 规定的方法执行。

7　检验规则

7.1　扦样、分样

按 GB 5491 执行。

7.2　检验的一般规则

按 GB/T 5490 执行。

7.3　产品组批

同原料、同工艺、同设备、同班次加工的产品为一批。

7.4　出厂检验

出厂检验项目按 5.1 的规定检验。

7.5　判定规则

7.5.1　凡不符合 GB 2715 以及国家卫生检验和植物检疫有关规定的产品，判为非食用产品。

7.5.2　大米的定等指标中有一项指标达不到该等级质量要求的，则降为下一等级；低于最低等级指标的，作为非等级产品。其他指标有一项不符合表 1 要求的，作为非等级产品。

7.5.3　优质大米的定等指标中有一项指标达不到该等级质量要求的，则降为下一等级；低于最低等级指标的，可按表 1 中大米质量指标进行判定。其他指标有一项不符合表 2 要求的，作为非等级产品。

7.5.4　初验不合格时，可加倍抽样复验，以复验结果为准。

8　包装和标签

8.1 包装

8.1.1　包装应符合 GB/T 17109 的规定和卫生要求。

8.1.2　若采用包装袋，则包装袋应坚固结实，封口或者缝口应严密。

8.2 标签

8.2.1 包装大米的标签标识应符合 GB 7718 的规定。

8.2.2 标注的净含量应为产品最大允许水分状况下的质量。

8.2.3 凡是采用本标准的大米产品,应按本标准规定的名称和等级标注。

9 贮存和运输

9.1 袋装产品应贮存在清洁、干燥、防雨、防潮、防虫、防鼠、无异味的的合格仓库内,不得与有毒有害物质或水分较高的物质混存。

9.2 应使用符合卫生要求的运输工具和容器运送大米产品,运输过程中应注意防止雨淋和被污染。

9.3 产品在常温下的保质期不应低于 3 个月。

参考文献

[1]ISO 7301:2002 Rice—Specification.

[2]CODEX STAN 198—1995 Codex standard for Rice.

GB/T 5495－2008 粮油检验 稻谷出糙率检验

前 言

本标准代替 GB/T 5495－1985《粮食、油料检验 稻谷出糙率检验法》。

本标准与 GB/T 5495－1985 相比主要差异如下:

——将标准名称更改为《粮油检验 稻谷出糙率检验》;

——增加了规范性引用文件、术语和定义、原理;

——对净稻谷、出糙率进行了定义;

——将净稻谷试样量由原来的"20 g"改为"20 g～25 g"。

1 范围

本标准规定了稻谷出糙率的术语和定义、原理、仪器和用具、扦样、样品制备、操作步骤和结果计算。

本标准适用于商品稻谷的出糙率测定。

2 规范性引用文件

下列文件中的条款通过本标准的引用而成为本标本的条款。凡是注日期的引用文件,其随后所有的修改单(不包括勘误的内容)或修订版均不适用于本标准,然而,鼓励根据本标准达成协议的各方研究是否可使用这些文件的最新版本。凡是不注日期的引用文件,其最新版本适用于本标准。

GB 1350 稻谷

GB 5491 粮食、油料检验 扦样、分样法

GB/T 5494 粮油检验 粮食、油料的杂质、不完善粒检验

3 术语和定义

GB 1350 确立的以及下列术语和定义适用于本标准。

3.1 净稻谷 clean paddy

除去杂质和谷外糙米后的稻谷。

3.2 出糙率 husked rice yield

净稻谷试样脱壳后的糙米(其中不完善粒质量折半计算)占试样的质量分数。

4 原理

采用实验砻谷机脱壳和手工脱壳相结合方式进行稻谷脱壳,采用感官检验方法检验糙米不完善粒。分别称量稻谷试样、糙米和不完善粒质量,计算出糙率。

5 仪器和用具

5.1 天平:分度值 0.01 g。

5.2 分样器或分样板。

5.3 谷物选筛:直径 2.0 mm 圆孔筛。

5.4 实验砻谷机。

6 扦样

按 GB 5491 执行。

7 样品制备

7.1 实验室样品不得少于 1.0 kg。

7.2 按 GB 5491 的方法对实验室样品进行分样,得到测试样品。

7.3 将测试样品按 GB/T 5494 的方法去除杂质和谷外糙米,得净稻谷测试样品。

8 操作步骤

从净稻谷试样中称取 20 g～25 g 试样(M_0),精确至 0.01 g,先捡出生芽粒,单独剥壳,称量生芽粒糙米质量(M_1)。然后将剩余试样用实验砻谷机脱壳,除去谷壳,称量砻谷机脱壳后的糙米质量(M_2),感官检验拣出糙米中不完善粒糙米,称量不完善粒糙米质量(M_3)。

9 结果计算

稻谷出糙率按式(1)计算:

$$X = \frac{(M_1 + M_2) - (M_1 + M_3)/2}{M_0} \times 100\% \quad \cdots\cdots\cdots (1)$$

式中：

X——稻谷出糙率,%；

M_1——生芽粒糙米质量,单位为克(g)；

M_2——砻谷机脱壳后的糙米质量,单位为克(g)；

M_3——不完善粒的糙米质量,单位为克(g)；

M_0——试样质量,单位为克(g)。

在重复性条件下,获得的两次独立测验结果的绝对值不大于0.5%,求其平均数,即测试结果,测试结果保留1位小数。

GB/T 21499—2008/ISO6646:2000
大米 稻谷和糙米潜在出米率的测定

前 言

本标准等同采用 ISO 6646:2000《大米 稻谷和糙米潜在出米率的测定》。

为了便于使用,本标准对 ISO 6646:2000 作了下列编辑性修改：

——将"本国际标准"改为"本标准"；

——用小数点"."代替作为小数点的","；

——删除国际标准的前言和引言。

本标准的附录 A 为规范性附录,附录 B 为资料性附录。

本标准由国家粮食局提出。

本标准由全国粮油标准化技术委员会归口。

本标准起草单位：国家粮食局标准质量中心、湖北省粮食食品质量监测站、吉林省粮食卫生检验监测站、四川省粮食中心监测站、江苏省粮食局粮油质量检测所、安徽省粮食产品质量监督检测站。

本标准主要起草人：谢华民、熊宁、冯锡仲、杨军、黄伟、季一顺。

1 范围

本标准规定了实验室测定稻谷或整谷稻出糙率和稻谷、整谷稻或糙米、整谷糙米整精米率的方法。

本标准仅适用于碾磨制米设备。

2 规范性引用文件

下列文件中的条款通过本标准的引用而成为本标准的条款。凡是注日期的引用文件，其随后所有的修改单(不包括勘误的内容)或修订版均不适用于本标准，然而鼓励根据本标准达成协议的各方研究是否可使用这些文件的最新版本。凡是不注日期的引用文件，其最新版本适用于本标准。

ISO 712 谷物和谷物制品 水分含量测定 常用方法

ISO 7301 大米 规格

3 术语和定义

ISO 7301 确立的以及下列术语和定义适用于本标准。

3.1 出糙率 husked rice yield：从稻谷中获得的糙米的量。

3.2 出米率 milled rice yield：从稻谷或糙米中获得的大米(整粒、破碎粒和细碎粒)的量。

3.3 整精米率 milled head rice yield：从稻谷或糙米中获得的整精米的量。

注：整精米为长度不低于试样完整粒平均长度 3/4 的米粒。

4 原理

将稻谷进行机械脱壳，称量得到的糙米。再将糙米进行机械碾白，除去一定量的皮层和胚，称量得到的整精米。

5 仪器设备

使用下列通用和专用实验室仪器设备。

5.1 分样器：带有分配系统的锥形分样器或多出口分样器。

5.2 实验砻谷机：适合于稻谷脱壳且不损伤糙米粒。

5.3 实验碾米机：适合于糙米碾磨，除去皮层和胚。

5.4 镊子。

5.5 小碗。

5.6 天平：精确度为 0.01 g。

6 扦样

扦样不是本标准规定的内容。推荐采用 ISO 13690[1]。

实验室收到的样品应具有代表性，并且在贮存和运输过程中没有受到损坏和改变。

7 样品制备

实验样品不应少于 1.5 kg。

充分混合实验样品使其尽可能地均匀，然后用分样器(5.1)进行分样，得到测试样品。

按照 ISO 712 [1]测定样品的水分，水分含量的范围为 13.0％±1.0％，如果样品水分含量不在上述范围内，可在适当的室内温湿度条件下，将样品放置足够长的时间，使样品水分含量调节到规定的范围内。

8 测定步骤

8.1 设备调节

8.1.1 实验砻谷机的调节

在测定前应调节设备。

调节用稻谷颗粒应与实验样品颗粒大小相近，先用实验砻谷机(5.2)对调节用稻谷进行脱壳，然后根据脱壳的情况将砻谷机调节到不出现以下情况：

——糙米的皮层损伤；

——在分离出的稻壳中出现糙米或稻谷；

——糙米中出现稻壳碎屑。

8.1.2 实验碾米机的调节

在测定前应调节设备。

调节用糙米颗粒应与实验样品颗粒大小相近，用实验碾米机(5.3)碾磨除去糙米质量的($f\pm0.5$)％，使整精米质量减去整米质量的差不大于 3.0％(整精米包括整米粒)。f 值应由有关各方协商确定。

8.2 出糙率测定

将测试样品缩分出适合设备要求的量，称量并精确到 0.01 g。将稻谷样品摊开，拣出外来物质。用实验砻谷机(5.2)对稻谷样品进行脱壳，从糙米中拣出稻谷粒送入砻谷机再次脱壳。

称量得到的糙米总量，精确到 0.01 g。

8.3 整精米率测定

8.3.1 稻谷或蒸谷稻样品

8.3.1.1 按 8.2 进行操作得到糙米，从糙米中缩分出适合设备要求的量，建议不少于 100 g。称量并精确 0.01 g。

8.3.1.2 彻底清理干净实验碾米机(5.3)，倒入糙米样品，碾磨足够长的时间以去除其质量的($f\pm0.5$)％，应在碾磨前通过试验确定每个测试样品的合适碾磨时间。

称量得到的全部精米，精确到 0.01 g。

将整精米粒和破碎粒分开，分别放入两个小碗中。

称量整精米，精确到 0.01 g。

8.3.2　糙米或整谷糙米样品

8.3.2.1　从测试样品中缩分出适合设备要求的量,建议不少于100 g,称量并精确到 0.01 g。摊开样品,挑拣出其中的外来物质。

8.3.2.2 按照 8.3.1.2 继续进行操作。

9　结果表示

按表 1 计算的结果,保留 4 位小数。

表 1　出米率计算

出　率	测试样品	
	稻谷	糙米[a]
Y_0(糙米)	m_y/m_x	m_a/m_y
Y_1(大米)	m_1/m_w	m_1/m_a
Y_2(整精米)	m_2/m_w	m_2/m_a

a 包括外来物质。

参考附录 A 中的流程图(稻谷见图 A.1 或 A.2;糙米见图 A.3)。

结果以百分率表示,根据开始测定的样品不同,计算公式分别如下:

——潜在出糙率(Y_h)

$$Y_h = Y_0 \times 100\% \quad \cdots\cdots\cdots\cdots\cdots\cdots\cdots\cdots \quad (1)$$

——潜在出米率(Y_m)

$$Y_m = Y_0(100 - f)\% \quad \cdots\cdots\cdots\cdots\cdots\cdots\cdots \quad (2)$$

——潜在出米率(Y_{mh})

$$Y_{mh} = Y_0 Y_2 \left[\frac{100 - f}{Y_1} \right]\% \cdots\cdots\cdots\cdots\cdots\cdots \quad (3)$$

计算结果保留两位小数,报告结果时精确到 0.1%。

10　精密度

10.1　联合实验室测试

附录 B 汇集了关于本方法的精密度的联合实验室试验数据,这些试验数据可能不适用于其他测定值范围和测试对象。

10.2　重复性

在短时间内,由同一操作者在同一实验室采用相同的测试方法和设备,对于同一样品进行两次平行测定得到的两个结果的绝对差值,大于下列联合实验室研究所得的 r 值的算术平均值的实例不超过 5%:

——糙米:1%;

——整精米:2%。

10.3　再现性

由不同的操作者在不同实验室用不同的设备，采用相同的测试方法对于同一样品进行两次平行测定得到的两个结果的绝对差值，大于下列联合实验室研究所得的 R 值的算术平均值的实例不超过 5%：

——糙米：3%；

——整精米：5%。

11　试验报告

试验报告应说明：

——完整地识别样品所需的全部信息；

——使用的扦样方法；

——使用的与本标准有关的测试方法；

——所有在本标准中未规定或视为任选的操作细节，以及其他可能影响了实验结果的事件；

——得到的测试结果；检验重复性后，引用的最终结果。

附录 A

（规范性附录）

测定流程图

A.1　测定稻谷或蒸谷稻的出糙率的流程见图 A.1

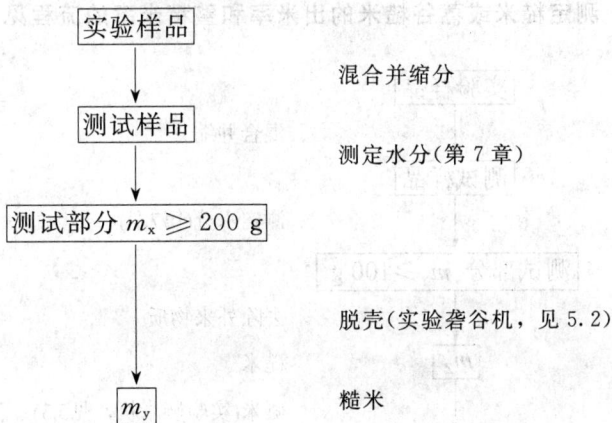

图 A.1　从稻谷或蒸谷稻开始测定出糙率

A. 2 测定稻谷或蒸谷稻的出糙率、出米率和整精米率的流程见图 A. 2

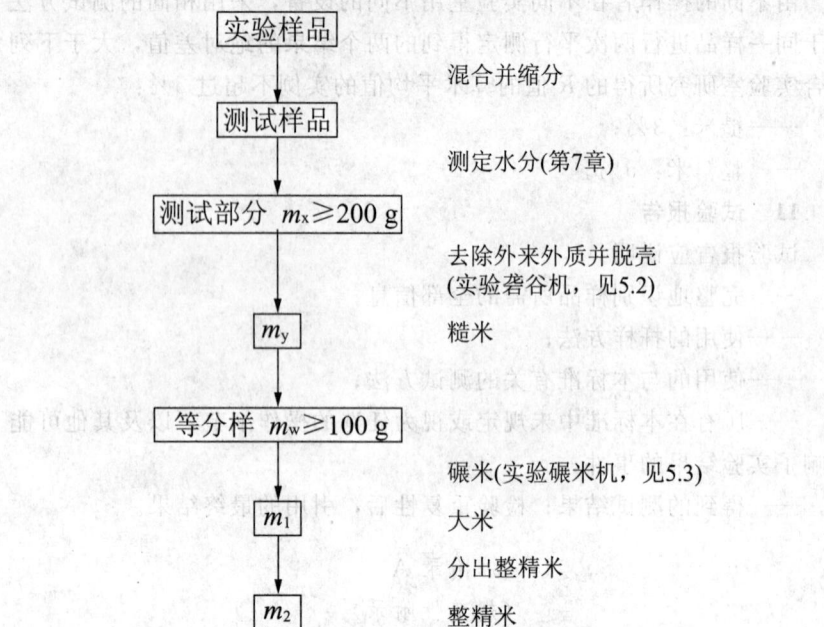

```
        实验样品
           │          混合并缩分
           ▼
        测试样品
           │          测定水分(第7章)
           ▼
   测试部分  mₓ≥200 g
           │          去除外来外质并脱壳
           │          (实验砻谷机，见5.2)
           ▼
          m_y          糙米
           │
           ▼
   等分样  m_w≥100 g
           │          碾米(实验碾米机，见5.3)
           ▼
          m₁          大米
           │          分出整精米
           ▼
          m₂          整精米
```

A. 2   从稻谷或蒸谷稻开始测定出糙率、出米率和整精米率

A. 3 测定糙米或蒸谷糙米的出米率和整精米率的流程见图 A. 3

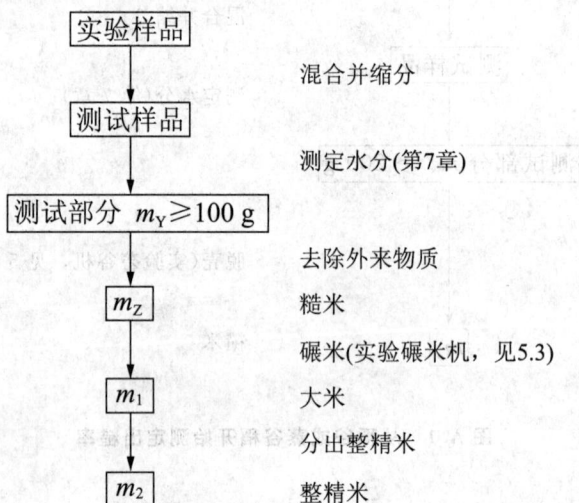

```
        实验样品
           │          混合并缩分
           ▼
        测试样品
           │          测定水分(第7章)
           ▼
   测试部分  m_Y≥100 g
           │          去除外来物质
           ▼
          m_Z          糙米
           │          碾米(实验碾米机，见5.3)
           ▼
          m₁          大米
           │          分出整精米
           ▼
          m₂          整精米
```

A. 3   测定糙米或蒸谷糙米的出米率和整精米率

附录 B

（资料性附录）

联合实验室测试结果

　　意大利大米研究中心组织 15 个实验室进行联合实验室研究，每个实验室对 4 个不同粒型的样品进行了 3 次测试，按照 ISO 5725－1[2] 和 ISO 5725－2[3] 对数据进行统计分析，结果见表 B.1 和表 B.2。f 值为 12%。

表 B.1　Y_h 的重复性和再现性

项目	大米样品			
	Arborio	Drago[a]	Balill[a]	Thaibonnet
数据有效的实验室数	13	11	13	13
平均值/(g /100 g)	81.2	82.0	81.8	77.7
重复性标准偏差，s_r/(g /100 g)	0.41	0.15	0.31	0.53
重复性变异系数/%	0.5	0.2	0.4	0.7
重复性限，$r(r=2.83s_r)$	1.16	0.42	0.88	1.50
再现性标准偏差，S_R/(g/100 g)	1.02	0.20	0.80	2.14
再现性变异系数/%	1.3	0.2	1.0	2.7
再现性限，$R(R=2.83S_R)$	2.89	0.57	2.26	6.06

a　整谷米。

表 B.2　Y_{mh} 的重复性和再现性

项目	大米样品			
	Arborio	Drago[a]	Balill[a]	Thaibonnet
数据有效的实验室数	7	10	11	9
平均值/(g/100 g)	58.4	69.1	66.9	57.1
重复性标准偏差，s_r/(g/100 g)	1.13	0.47	0.48	0.81
重复性变异系数/%	1.9	0.7	0.7	0.7
重复性限，$r(r=2.83 s_r)$	3.20	1.33	1.36	2.29
再现性标准偏差，S_R(g / 100 g)	2.43	1.62	1.32	1.96
再现性变异系数(%)	4.2	2.3	2.0	3.4

续表

项目	大米样品			
	Arborio	Drago^a	Balill^a	Thaibonnet
再现性限，$R(R=2.83\,S_R)$	6.88	4.58	3.74	5.55

a 整谷米。

参考文献

［1］ISO 13690 Cereals，pulses and milled products-Sampling of static batches.

［2］ISO 5725-1：1994 Accuracy（trueness and precision）of measurement methods and Partl：General principles and definitions.

［3］ISO 5725-2：1994 Accuracy（trueness and precision）of measurement methods and Partz：Basic method for the determination of repeatability and reproducibility ofa measurement method.

GB/T 21719－2008 稻谷整精米率检验法

前　言

本标准参考了 ISO 6646：2000《大米 稻谷和糙米潜在出米率的测定》的相关内容。

1　范围

本标准规定了稻谷整精米率检验的术语和定义、原理、仪器、扦样、样品制备、测定步骤和结果计算。

本标准适用于收购、贮存、销售、运输和加工的商品稻谷精米率测定。

2　规范性引用文件

下列文件中的条款通过本标准而成为本标准的条款。凡是注日期的引用文件，其随后所有的修改单（不包括勘误的内容）或修订版均不适于本标准，然而，鼓励根据本标准达成协议的各方面研究是否可使用这些文件的最新版本。凡是不注明日期的引用文件，其最新版本适用于本标准。

GB 1354 大米

GB 5491 粮食、油料检验、扦样、分样法

GB/T 5494 粮食、油料检验 杂质、不完善粒检验法

GB/T 5497 粮食、油料检验 水分测定法

3　术语和定义

下列术语和定义适用于本标准。

3.1　净稻谷 clean paddy

除去杂质后的稻谷。

3.2　整精米 head rice

净稻谷经实验砻谷机脱壳成糙米，糙米经实验碾米机碾磨成加工精度为国家标准三级（按 GB 1354 执行）大米时，长度达到完整米粒平均长度四分之三及以上的米粒。

3.3　整精米率 head rice yield

整精米占净稻谷试样的质量分数。

3.4　整糙米 whole husked rice

完好无破损的糙米粒。

3.5　碎米 broken rice

在规定精度下，长度小于完整米粒平均长度四分之三的米粒。

3.6　碎米率 broken rice yield

碎米占全部精米的质量分数。

4　原理

净稻谷经实验砻谷机脱壳后得到的糙米，将糙米用实验碾米机碾磨成加工精度为国家标准三级大米，除去糠粉后，分拣出整精米并称重，计算整精米占净稻谷试样的质量分数。

5　仪器及要求

5.1　天平：精确度 0.01 g。

5.2　分样器。

5.3　谷物筛选。

5.4　实验砻谷机：适合稻谷脱壳且不损伤糙米粒的小型实验室用砻谷机。

5.5　实验碾米机：适合糙米碾磨去除皮层和胚的小型实验室用碾米机。

5.6　实验砻谷机和实验碾米机须用稻谷整精米率标准样品进行测试，测试结果应符合整精米率标准样品定值的要求。

6　扦样

按 GB 5491 执行。

7 样品制备

7.1 实验室样品不应少于 1 kg。

7.2 按 GB 5491 和 GB/T 5494 规定的方法对实验室样品进行分样和除去杂质，得到净稻谷测试样品。

7.3 按 GB/T 5497 测定样品水分，样品水分含量范围为籼稻谷 12.5%～14.5%、粳稻谷 13.5%～15.5%。如果样品水分含量不在上述范围内，可在适当的室内温湿度条件下，将样品放置足够长的时间，使样品水分含量调节到规定的范围内。

8 测定步骤

8.1 仪器调整

整精米率检验前，应对实验砻谷机和实验碾米机进行调整，必要时应使用稻谷整精米率标准样品进行测试，测试结果应符合整精米率标准样品定值的要求。

8.2 实验砻谷机调整

用待测试样或相同粒形的稻谷经实验砻谷机脱壳，以调整实验砻谷机至最佳工作条件。不应出现下情况：

——糙米皮层的损伤；

——在分离出的稻壳中出现糙米或稻谷；

——糙米中出现稻壳。

8.3 实验碾米机调整

用待测试样或相同粒形的稻谷制成的整糙米，经实验碾米机碾磨至规定加工精度，以调整实验碾米机至最佳工作条件，应达到以下要求：

——糙米碾磨后得到的精米加工精度均匀；

——实验用量 20 g 左右；

——碾磨时间不超过 1 min；时间可调整且调整精度高、制动迅速；

——精米粉碎率≤6.0%。

8.4 最佳碾磨量和最佳碾磨时间的确定

根据实验碾磨机的推荐样品量和碾磨时间，用待测试样或相同粒形的稻谷制成的糙米，进行不同碾磨量和碾磨时间的碾磨试验，以得到均匀的国家标准三级加工精度大米为判定标准，确定最佳碾磨量和最佳碾磨时间。

8.5 试样整精米率测定

根据实验碾米机的最佳碾磨量，从测试样品中称取一定量净稻谷试样(m_0)，用经过调整的实验砻谷机脱壳，从糙米中拣出稻谷粒放入砻谷机中再次脱壳(或手工脱壳)，直至全部脱净，将所得糙米全部置于经过调整的实验碾米机内，碾磨至最佳时间，使加工精度达到国家标准三级大米，除去糠粉后，分拣出整精米并称重(m)。

9　结果计算

按式(1)计算试样的整精米率：

$$H = \frac{m}{m_0} \times 100\ \% \quad\cdots\cdots\cdots\cdots\cdots\cdots\cdots\cdots\quad (1)$$

式中：

H——整精米率,%

m_0——稻谷试样质量，单位为克(g)

m——整精米质量，单位为克(g)

两次平行测试测定值的绝对差不应超过 1.5% ，取平均值作为检验结果。

GB/T 15682－2008 粮油检验 稻谷、大米蒸煮食用品质感官评价方法

前　言

本标准代替 GB/T 15682－1995《稻米蒸煮试验品质评定》。

本标准与 GB/T 15682－1995 相比主要变化如下：

——将标准名称更改为《粮油检验 稻谷、大米蒸煮食用品质感官评价方法》；

——增加了小量样品和大量样品米饭的制备方法；

——增加了大米的浸泡步骤；

——修改了大米的加水量与焖制时间；

——修订了原评价体系中的评分项目及权重；

——增加了一种新的评价体系：评分方法二。

本标准的附录 A、附录 B、附录 C 为规范性附录，附录 D 为资料性附录。

本标准由国家粮油局提出。

本标准由全国粮油标准化技术委员会归口。

1　范围

本标准规定了稻谷、大米蒸煮试验的术语和定义、原理、仪器和器具、操作步骤、米饭品质的品尝评定内容、顺序、要求及评分结果表示。

本标准适用于稻谷、大米的蒸煮试验及米饭食用品质评定。

2 规范性引用文件

下列文件中的条款通过本标准的引用而成为本标准的条款。

凡是注日期的引用文件，其随后所有的修改单（不包括勘误的内容）或修订版均不适用于本标准，然而，鼓励根据本标准达成协议的各方研究是否可使用这些文件的最新版本。凡是不注日期的引用文件，其最新版本适用于本标准。

GB 1354 大米

GB 5491 粮食、油料检验 拆样、分样法

GB/T 10220 感官分析方法总论

GB/T 13868 感官分析 建立感官分析实验室的一般导则

3 术语和定义

下列术语和定义适用于本标准。

3.1 大米食用品质感官评价

大米在规定条件下蒸煮成米饭后，品评人员通过眼观、鼻闻、口尝等方法对所测米饭的色泽、气味、滋味、米饭黏性及软硬适口程度进行综合品尝评价的过程。

3.2 初级评价员

经挑选、培训，具有一定感官分析能力且有一定的感官分析经验的品评人员。

3.3 优选评价员

经挑选、培训，具有较高感官分析能力且有较丰富感官分析经验的品评人员。

4 原理

稻谷经砻谷、碾白，制备成国家标准三等精度的大米作为试样。商品大米直接作为试样。取一定量的试样，在规定条件下蒸煮成米饭，品评人员感官鉴定米饭的气味、外观结构、适口性、滋味及冷饭质地等，评价结果以参加品评人员的综合评分的平均值表示。

5 仪器和器具

5.1 实验砻谷机。

5.2 实验碾米机。

5.3 天平：精确度 0.01 g。

5.4 直径为 26~28 cm 单屉铝（或不锈钢）蒸锅。

5.5 电炉：220 V，2 kW 或相同功率的电磁炉。

5.6 蒸饭皿：60 mL 以上带盖铝（或不锈钢）盒。

5.7 直热式电饭锅：3 L，500 W。

5.8 盆：洗米用，500 mL(小量样品米饭制备用)或 3 000 mL(大量样品米饭制备用)。

5.9 沥水筛：CQ16 筛。

5.10 小碗：可放约 50 g 试样。

5.11 圆形白色瓷餐盘：直径 20 cm 左右，盘子边缘均等分地粘上红、黄、蓝、绿四种颜色的塑料黏胶带。

6 操作步骤

6.1 试样制备

6.1.1 扦样

按 GB 5491 执行。

6.1.2 大米样品的制备

取稻谷 1 500～2 000 g，用实验砻谷机(5.1)去壳得到糙米，将糙米在碾米机(5.2)上制备成 GB 1354 中规定的标准三等精度的大米。商品大米则直接分取试样。

6.1.3 样品的编号和登记

随机编排试样的编号、制备米饭的盒号(5.6)和锅号(5.4 或 5.7)。记录试样的品种、产地、收获或生产时间、贮藏和加工方式及时间等必要信息。

6.1.4 参照样品的选择

6.1.4.1 稻谷参照样品

选取稻谷脂肪酸值(以 KOH 计)不大于 20 mg/100 g(干基)的样品 3 份～5 份，经样品制备、米饭制作，由评价员按照 8.3.1 的规定，进行 2 次～3 次品评，选出色、香、味正常，综合评分在 75 分左右的样品 1 份，作为每次品评的参照样品。

6.1.4.2 大米参照样品

选取符合 GB 1354 中规定的标准三等精度的新鲜大米样品 3 份～5 份，经米饭制作，由评价员按照 8.3.1 的规定，进行 2 次～3 次品评，选出色、香、味正常，综合评分在 75 分左右的样品 1 份，作为每次品评的参照样品。

6.2 米饭的制备

6.2.1 小量样品米饭的制备

6.2.1.1 称样：称取每份 10 g 试样于蒸饭皿(5.6)中。试样份数按评价员每人 1 份准备。

6.2.1.2 洗米：将称量后的试样倒入沥水筛(5.9)，将沥水筛置于

盆(5.8)内，快速加入 300 mL 水，顺时针搅拌 10 圈，逆时针搅拌 10 圈，快速换水重复上述操作一次。再用 200 mL 蒸馏水淋洗 1 次，沥尽余水，放入蒸饭皿中。洗米时间控制在 3～5 min。

6.2.1.3 加水浸泡：籼米加蒸馏水量为样品量的 1.6 倍，粳米加蒸馏水量为样品量的 1.3 倍。加水量可依据米饭软硬适量增减。浸泡水温 25 ℃左右，浸泡 30 min。

6.2.1.4 蒸煮：蒸锅(5.4)内加入适量的水，用电炉(或电磁炉)(5.5)加热至沸腾，取下锅盖，再将盛放样品的蒸饭皿加盖后置于蒸屉上，盖上锅盖，继续加热并开始计时，蒸煮 40 min，停止加热，焖制 20 min。

6.2.1.5 将制成的不同试样的蒸饭皿放在白瓷盘(5.11)上(每人 1 盘)，每盘 4 份试样，趁热品尝。

6.2.2 大量样品米饭的制备

6.2.2.1 洗米：称取 500 g 试样放入沥水筛内，将沥水筛(5.9)置于盆(5.8)中，快速加入 1 500 mL 自来水，每次顺时针搅拌 10 圈，逆时针搅拌 10 圈，快速换水重复上述操作一次。再用 1 500 mL 蒸馏水淋洗 1 次，沥尽余水，倒入相应编号的直热式电饭锅(5.7)内。洗米时间控制在 3～5 min。

6.2.2.2 加水浸泡：籼米加蒸馏水量为样品量的 1.6 倍，粳米加蒸馏水量为样品量的 1.3 倍。加水量可依据米饭软硬适量增减。浸泡水温 25 ℃左右，浸泡 30 min。

6.2.2.3 蒸煮：电饭锅接通电源开始蒸煮米饭，在蒸煮过程中不得打开锅盖。电饭锅(5.7)的开关跳开后，再焖制 20 min。

6.2.2.4 搅拌米饭：用饭勺搅拌煮好的米饭，首先从锅的周边松动，使米饭与锅壁分离，再按横竖两个方向平行滑动 2 次，接着用筷子上下搅拌 4 次，使多余的水分蒸发之后盖上锅盖，再焖 10 min。

6.2.2.5 将约 50 g 试样米饭松松地盛入小碗(5.10)内，每人 1 份(不宜在内锅周边取样)，然后倒扣在白色瓷餐盘(5.11)上不同颜色(红、黄、蓝、绿)的位置，呈圆锥形，趁热品评。

7 品评的要求

7.1 环境

应符合 GB/T 10220 的规定。

7.2 品尝实验室

应符合 GB/T 13868 的规定。

7.3　品评人员

依据附录 A 挑选出 5 名～10 名优选评价员或 18 名～24 名初级评价员。将评价员随机分组，每个评价员编上号码，分成若干组。评价员在品评前 1 h 之内不吸烟、不吃东西，但可以喝水；品评期间具有正常的生理状态，不使用化妆品或其他有明显气味的用品。

7.4　米饭品评份数和品评时间

每次试验品评 4 份试样（包含 1 份参照样品和 3 份被检样品）。当试样为 5 份以上时，应分两次以上进行试验；当试样不足 4 份时，可以将同一试样重复品评，但不得告知评价员。同一评价员每天品评次数不得超过 2 次，品评时间安排在饭前 1 h 或饭后 2 h 进行。

7.5　品评样品编号与排列顺序

将全部试样分别编成号码 No.1、No.2、No.3、No.4，且参照样品编号为 No.1，其他试样采用随机编号。同一小组的评价员采用相同的排列顺序，不同小组之间尽量做到品评试样数量均等、排列顺序一致。

8　样品品评

8.1　品评内容

品评米饭的气味、外观结构、适口性（包括黏性，弹性、软硬度）、滋味和冷饭质地。

8.2　品评顺序及要求

8.2.1　品评前的准备

评价员在每次品评前用温开水漱口，漱去口中的残留物。

8.2.2　辨别米饭气味

趁热将米饭置于鼻腔下方，适当用力吸气，仔细辨别米饭的气味。

8.2.3　观察米饭的外观

观察米饭表面的颜色、光泽和饭粒完整性。

8.2.4　辨别米饭的适口性

用筷子取米饭少许放入口中，细嚼 3～5 s，边嚼边用牙齿、舌头等各感觉器官仔细品尝米饭的黏性、软硬度、弹性、滋味等项。

8.2.5　冷饭质地

米饭在室温下放置 1 h 后，品尝判断冷饭的黏弹性、黏结成团性和硬度。

8.3　评分

8.3.1　评分方法一

8.3.1.1　根据米饭的气味、外观结构、适口性、滋味和冷饭质地，对比参照样品(6.1.4)进行评分,综合评分为各项得分之和。评分规则和记录格式见附录 B。

8.3.1.2 根据每个评价员的综合评分结果计算平均值,个别评价员品评误差大者(超过平均值 10 分以上)可舍弃,舍弃后重新计算平均值。最后以综合评分的平均值作为稻米食用品质感官评定的结果,计算结果取整数。按附录 D 的格式总结出"结果统计表"。

8.3.1.3 综合评分以 50 分以下为很差,51 分~60 分为差,60 分~70分为一般,71 分~80 分为较好,81 分~90 分为好,90 分以上为优。

8.3.2 评分方法二

8.3.2.1 分别将试验样品米饭的气味、外观结构、适口性、滋味和冷饭质地和综合评分与参照样品(6.1.4)一一比较评定。根据好坏程度,以"稍""较""最""与参照相同"的 7 个等级进行评分。评分记录表格式见附录 C。在评分时,可参照表 1 所列的米饭感官品质评价内容与描述。

表 1 米饭感官评价内容与描述

评价内容		描述
气味	特有气味	香气浓郁;香气清淡;无香气
	有异味	陈米味和不愉快味
外观结构	颜色	颜色正常,米饭洁白;颜色不正常,发黄、发灰
	光泽	表面对光反射的程度:有光泽、无光泽
	完整性	保持整体的程度:结构紧密;部分结构紧密;部分饭粒爆花
适口性	黏性	黏附牙齿的程度:滑爽、黏性、有无黏牙
	软硬度	臼齿对米饭的压力:软硬适中;偏硬或偏软
	弹性	有嚼劲;无嚼劲;疏松;干燥、有渣
滋味	纯正性 持久性	咀嚼时的滋味:甜味、香味以及味道的纯正性、浓淡和持久性
冷饭质地	成团性 黏弹性 硬度	冷却后米饭的口感:黏弹性和回升性(成团性、硬度)

8.3.2.2 整理评分记录表,读取表中画"○"的数值,如有漏画的则作"与参照相同"处理。

8.3.2.3 根据每个评价员的综合评分结果计算平均值,个别评价员品评误差大者(综合评分与平均值出现正负不一致或相差 2 个等级以上时)可舍弃，舍弃后重新计算平均值。最后以综合评分的平均值作为稻米食用品质感官评定的结果，计算结果保留小数点后两位。按附录 D 的格式总结出"结果统计表"。

附录 A

（规范性附录）

评价员挑选办法

A.1　总体要求

评价员应由不同性别、不同年龄档次的人员组成。通过鉴别试验来挑选，感官灵敏度高的人员可作为评价员。

A.2　挑选办法

按标准规定蒸制四份米饭，其中有两份米饭是同以试样蒸制成的，同时按照标准规定进行品评，要求品评人员鉴别找出相同的两份米饭（在两份相同的米饭编号后打"√"），记录表格及示例见表 A.1。

表 A.1　鉴别试验表及示例

品评人：	日期
试样号	鉴别结果
1	√
2	
3	
4	√

鉴别试验应重复两次，结果登记表及示例见表 A.2。答对者打"√"，答错者打"×"，如果两次都答错的人员，则表明其品评鉴别灵敏度太低，应予淘汰。

表 A.2　品评人员成绩汇总表及示例

品评人员编号	鉴别试验结果		成绩
	1	2	
P1	×	√	良
P2	√	√	优

续表

品评人员编号	鉴别试验结果		成绩
	1	2	
P3	√	×	良
P4	×	×	差
P5	√	√	优
P6	√	√	优

挑选出的评价员，按 GB/T 10220 的有关规定进行培训并选定评价人员。

附录 B

（规范性附录）

米饭感官评价评分规则和记录表（评分方法一）

品评组编号：　姓名：　性别：　年龄：　出生地：　品评时间：
年　月　日　午　时　分

一级指标分值	二级指标分值	具体特征描述：分值	样品得分		
			No. 2	No. 3	No. 4
气味20分	纯正性浓郁性20分	具有米饭特有的香气，香气浓郁：18分~20分			
		具有米饭特有的香气，米饭清香：15分~17分			
		具有米饭特有的香气，香气不明显：12分~14分			
		米饭无香味，但无异味：7分~12分			
		米饭有异味：0分~6分			
外观结构20分	颜色7分	米饭颜色洁白：6分~7分			
		颜色正常：4分~5分			
		米饭发黄或发灰：0分~3分			
	光泽8分	有明显光泽：7分~8分			
		稍有光泽：5分~6分			
		无光泽：0分~4分			
	饭粒完整性5分	米饭结构紧密，饭粒完整性好：4分~5分			
		米饭大部分结构紧密完整：3分			
		米饭粒出现爆花：0分~2分			

一级指标分值	二级指标分值	具体特征描述：分值	样品得分		
			No. 2	No. 3	No. 4
适口性 30分	黏性 10分	滑爽，有黏性，不黏牙：8分～10分			
		有黏性，基本不黏牙：6分～7分			
		有黏性，黏牙；或无黏性：0分～5分			
	弹性 10分	米饭有嚼劲：8分～10分			
		米饭稍有嚼劲：6分～7分			
		米饭有疏松、发硬，感觉有渣：0分～5分			
	软硬度 10分	软硬适中：8分～10分			
		感觉略硬或略软：6分～7分			
		感觉很硬或很软：0分～5分			
滋味 25分	纯正性、持久性 25分	咀嚼时，有较浓郁的清香和甜味：22分～25分			
		咀嚼时，有淡淡的清香和甜味：18分～21分			
		咀嚼时，无清香和甜味，但无异味：16分～17分			
		咀嚼时，无清香和甜味，但有异味：0分～15分			
冷饭质地 5分	成团性、黏弹性、硬度 5分	较松散，黏弹性较好，硬度适中：4分～5分			
		结团，黏弹性稍差，稍变硬：2分～3分			
		板结，黏弹性差，偏硬：0分～1分			
综合评分					
备注					

附录 C

（规范性附录）

米饭感官评价评分记录表（评分方法二）

品评组编号：　姓名：　性别：　年龄：　出生地：　品评时间：　年　月

日　午　时　分

参照样品：红　　　　试样编号：No. 黄

项目	与参照样品比较						
	不好			参照样品	好		
	最	较	稍		稍	较	最
评分	−3	−2	−1	0	+1	+2	+3
气味							
外观结构							
适口性							
滋味							

续表

项目	与参照样品比较						
	不好			参照样品	好		
	最	较	稍		稍	较	最
冷饭质地							
综合评分							
备注							

参照样品：红　　　试样编号：No. 蓝

项目	与参照样品比较						
	不好			参照样品	好		
	最	较	稍		稍	较	最
评分	−3	−2	−1	0	+1	+2	+3
气味							
外观结构							
适口性							
滋味							
冷饭质地							
综合评分							
备注							

参照样品：红　　　试样编号：No. 绿

项目	与参照样品比较						
	不好			参照样品	好		
	最	较	稍		稍	较	最
评分	−3	−2	−1	0	+1	+2	+3
气味							
外观结构							
适口性							
滋味							
冷饭质地							
综合评分							
备注							

注1：与参照样品比较，根据好坏程度在相应栏内画"○"。

注2：综合评分是按照评价员的感觉、嗜好和参照样品比较后进行的综合评价。

注3："备注"栏填写对米饭的特殊评价(可以不填写)。

附录 D

（资料性附录）

米饭感官评价结果统计表

评价员 编号	所属组别	姓名	年龄	性别	综合评分		
					No. 2 （黄）	No. 3 （蓝）	No. 4 （绿）
1							
2							
3							
4							
5							
6							
7							
8							
…							
N							
X（平均值）							

GB/T 22294－2008 粮油检验 大米胶稠度的测定

前　言

本标准的附录 A 为规范性附录，附录 B 为资料性附录。

1　范围

本标准规定了大米胶度测定方法的术语和定义、原理、试剂、仪器和设备、测定步骤、结果表述，以及精密度要求。

本标准适用于糙米和大米胶稠度的测定。

2　规范性引用文件

下列文件中的条款通过本标准的引用而成为本标准的条款。凡是注日期的引用文件，其随后所有的修改单(不包括勘误的内容)或修订版均不适用于本标准，然而，鼓励根据本标准达成协议的各方研究是否可使用这些文件的最新版本。凡是不注日期的引用文件，其最新版本适用于本标准。

GB 1354 大米

GB/T 5491 粮食、油料检验 扦样、分样法

GB/T 5497 粮食、油料检验 水分测定法

GB/T 6682 分析实验室用水规格和试验方法(GB/T 6682—2008, neq ISO 3696：1987，MOD)

3 术语和定义

下列术语和定义适用于本标准。

胶稠度 adhesive strength

在规定条件下，一定量大米粉糊化、回生后的胶体，在水平状态流动的长度(mm)。

4 原理

大米淀粉经稀碱糊化、回生形成米胶，利用米胶流动性的差异，反映大米胶稠度。

5 试剂

除非另外有规定，所有试剂均为分析纯，实验用水应符合 GB/T 6682 中三级水的规格。

5.1 0.025%麝香草酚蓝乙醇溶液：称取 125 mg 麝香草酚蓝溶于 500 mL 95%乙醇中。

5.2 0.200 mol/L 氢氧化钾溶液：配制方法按附录 A 执行。

6 仪器和设备

6.1 高速样品粉碎机：粉碎样品两次，应达到 95%以上通过孔径为 0.15 mm(100 目)筛。

6.2 分析天平：精确度 0.000 1 g。

6.3 圆底试管：内径为 13 mm，长度为 150 mm。

6.4 涡旋混合器。

6.5 沸水浴(或 2 kW 电炉，d＝22～24 cm 蒸锅，试管架)。

6.6 冰水浴。

6.7 水平操作台(铺有毫米格纸)、水平尺。

6.8 米胶长度测定箱：参见附录 B，带水平支架，可控温、计时，直接读数。或培养箱，带可调节水平的样品架。

6.9 玻璃弹子球：d＝15 mm。

7 测定步骤

7.1 样品的扦取和分样

按 GB 5491 执行。

7.2 试样的制备

按 GB 1354 的规定将分取的样品制备成精度为国家标准三级的精米，分取约 10g 样品磨碎为米粉，样品米粉至少 95%以上通过孔径为 0.15 mm(100 目)筛，取筛下物充分混合均匀后，装于广口瓶中备用。

7.3　制备样品水分的测定

制备好的样品(7.2)按 GB/T 5497 测定水分。

7.4　溶解样品

精确称取备用的米粉样品(7.2)(100±1) mg(按含水量 12％计，如含水量不是 12％，则进行折算，相应增加或减少试样的称样量)于试管(6.3)中，加入 0.2 mL 0.025％麝香草酚蓝乙醇溶液(5.1)，并轻轻摇动试管或用涡旋混合器(6.4)加以振荡，使米粉充分分散；再加 2.0 mL 0.200 mol/L 氢氧化钾溶液(5.2)，并摇动试管，使米粉充分混合均匀。

7.5　制胶

立即将试管放入沸水浴(6.5)中，用玻璃弹子球(6.9)盖好试管口，在沸水浴中加热 8 min(从试管放入沸水浴开始计时)。控制样品加热程度，使试管内米胶溶液液面在加热过程中保持在试管高度的二分之一至三分之二。取出试管，拿去玻璃弹子球，静止冷却 5 min 后，再将试管放在 0 ℃左右的冰水浴(6.6)中冷却 20 min。

7.6　测量米胶长度

将试管从冰水浴中取出，立即水平放置在标有刻度并事先调好的水平操作台(6.7)或米胶长度测定箱或培养箱(6.8)的样品架上，使试管底部与标记的起始线对齐，在 25 ℃±2 ℃条件下静置 1 h 后，立即测量米胶在试管内流动的长度。

8　结果表述

8.1　胶度的测定结果以米胶在试管内流动的长度表示，单位为毫米(mm)。

8.2　两个平行样品测定结果的绝对值不应超过 7 mm，以平均值作为测定结果，保留整数位。

9　精密度

在同一实验室，由同一操作者使用相同设备，按相同的测试方法，并在短时间内对同一被测对象相互独立进行测试，获得的两次独立测试结果的绝对值不大于 7 mm，大于 7 mm 的情况不应超过 5％。

附录 A

(规范性附录)

0.200 mol/L 氢氧化钾溶液的配制

A.1　1.0 mol/L 氢氧化钾标准储备液的配制

称取 56 g 氢氧化钾，置于聚乙烯容器中，先加入少量无二氧化碳蒸馏水(约 20 mL)溶解，再将其稀释至 1 000 mL，密闭放置 24 h。吸取上层清液至另一聚乙烯容器中备用。

A.2　1.0 mol/L 氢氧化钾标准储备液的标定

称取在 105 ℃烘 2 h 并在干燥器中冷却后的邻苯二甲酸氢钾 4.08 g（精确至 0.000 1 g）于 150 mL 锥形瓶中，加入 50 mL 不含二氧化碳蒸馏水溶解，滴加酚酞－95％乙醇指示液 3～5 滴，用配制的氢氧化钾标准储备液定至微红色，以 30 s 不褪色为终点，记下所耗氢氧化钾标准储备液的毫升数（V_1），同时做空白试验（不加邻苯二甲酸氢钾，同上操作），记下所耗氢氧化钾储备液的毫升数（V_0），按式（A.1）计算氢氧化钾储备液浓度。

$$C_{(KOH)} = \frac{M \times 1000}{(V_1 - V_0) \times 204.22} \qquad (A.1)$$

式中：

$C_{(KOH)}$——氢氧化钾标准储备液浓度，单位为摩尔每升（mol/L）；

M——称取邻苯二甲酸氢钾的质量，单位为克（g）；

1000——换算系数；

V_1——滴定所耗氢氧化钾标准储备液体积，单位为毫升（mL）；

V_0——空白试验所耗氢氧化钾标准储备液体积，单位为毫升（mL）；

204.22——邻苯二甲酸氢钾的摩尔质量，单位为克每摩尔（g/mol）。

注：氢氧化钾标准储备液在 15 ℃～25 ℃条件下保存时间一般不超过两个月。当溶液出现浑浊、沉淀、颜色变化等现象时，应重新制备。

A.3　0.200 mol/L 氢氧化钾溶液的配制

按式（A.2）计算出的结果准确移取体积为 V_3（单位为毫升）标定好的 1.0 mol/L 氢氧化钾标准储备液，用无二氧化碳蒸馏水稀释定容至 V_4（单位为毫升），摇匀后盛放于聚乙烯塑料瓶中。临用前稀释。

$$V_3 = \frac{0.200 \times V_4}{C_{(KOH)}} \qquad (A.2)$$

式中：V_3——需量取 1.0 mol/L 氢氧化钾储备液的体积，单位为毫升（mL）；

V_4——需配制 0.200 mol/L 氢氧化钾储备液标准溶液的体积，单位为毫升（mL）；

$C_{(KOH)}$——氢氧化钾储备液浓度，单位为摩尔每升（mol/L）。

附录 B
（资料性附录）
米胶长度测定箱

B. 1　米胶长度测定箱的结构图

米胶长度测定箱的结构图见 B.1。

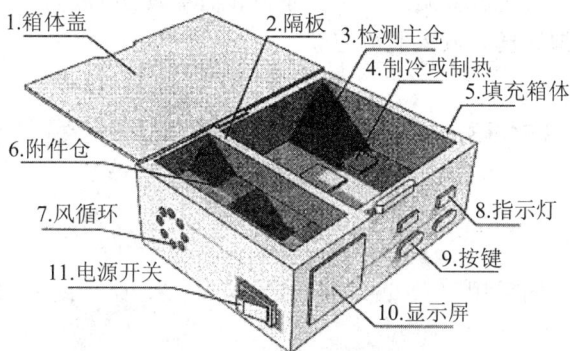

(a) 米胶长度测定箱箱体

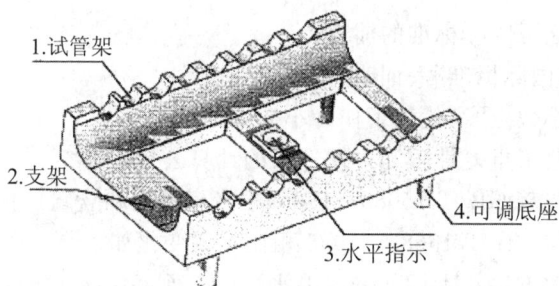

(b) 水平支架

图 B. 1　米胶长度测定箱

B. 2 米胶长度测定箱的操作

B. 2. 1　将仪器装置放置在平稳的实验台上，连接电源，调整水平支架的支脚，直到水准泡位于中心，确保仪器水平。打开电源，按"功能"键设置温度功能，通过"选择"键设定所需的温度值（或设定为"自动"，这里设定的温度是 25 ℃），让装置预热运转。

B. 2. 2　从附件仓中取出计时器，通过"分"和"秒"键，按方法的规定设定米胶静置流动所需时间。

B. 2. 3　当温度显示为设定温度值时，将从冰水浴中取出的试管水平放置在米胶长度测定箱的水平支架上，将试管底部与检测主仓内标记的起始线对齐。盖上米胶长度测定箱的透明隔仓盖，按下计时器，在设定的温度条件下水平静置。

B.2.4 设定时间到达后，计时报警，观察并记录下米胶在试管内流动的长度。

B.2.5 将试管取出，关闭电源。用干毛巾将测试仓内滴洒液体擦干，防止腐蚀表面，维持检测主仓内的清洁。使用后的刻度试管、计时器和电源线应及时放回附件仓中。水平试管架使用后，应该取出擦干残液，拧紧支脚螺丝，放入监测主仓。

GB/T 15683－2008 大米 直链淀粉含量的测定

前 言

本标准等同采用 ISO 6647－1：2007《大米 直链淀粉含量的测定》（英文版）。

为了便于使用，本标准对于 ISO 6647－1：2007 做了如下编辑性修改：

——删除了国际标准的前言；

——"本国际标准"一词改为"本标准"；

——用小数点"."代替了作为小数点的逗号","；

——修改了重复性限和再现性限的计算公式。

本标准代替 GB/T 15683—1995《稻米直链淀粉含量的测定》。

本标准与 GB/T 15683—1995 相比主要变化如下：

——分散方法：本标准采用沸水浴法，而 GB/T 15683—1995 采用 85 ℃水浴或者静置 15～24 h；

——检测波长：本标准的检测波长是 720 nm，而 GB/T 15683—1995 的检测波长是 620 nm；

——GB/T 21305 代替 ISO 712。

本标准的附录 A、附录 B 和附录 C 为资料性附录。

1 范围

本标准规定了非熟化大米直链淀粉含量的测定方法——基准方法。

本标准适用于直链淀粉含量高于 5％（质量分数）的大米。

本标准在延伸应用范围得到确认后，也可以用于糙米、玉米、小米和其他谷物的测定。

2　规范性引用文件

下列文件中的条款通过本标准的引用而成为本标准的条款。凡是注日期的引用文件，其随后所有的修改单（不包括勘误的内容）或修订版均不适用于本标准，然而，鼓励根据本标准达成协议的各方研究是否可使用这些文件的最新版本。凡是不注日期的引用文件，其最新标准适用于本标准。

GB/T 21305 谷物及谷物制品水分的测定常规法（GB/T 21305—2007，ISO 712：1998 IDT）

ISO 7301 大米 规格

ISO 8466—1 水质 分析方法定标和评估以及性能特征评估　第 1 部分：线性定标函数的统计评价

ISO 15914 动物饲料原料 酶解法总淀粉含量测定

3　术语和定义

ISO 7301 中确立的以及下列术语和定义适用于本标准。

3.1　直链淀粉 amylose

淀粉中的多聚糖成分，其葡萄糖单元主要以直链状结构连接成的大分子。

3.2　支链淀粉 amylopectin

淀粉中的多聚糖成分，其葡萄糖单元主要以支链状结构连接成的大分子。

4　原理

将大米粉碎至细粉以破坏淀粉的胚乳结构，使其易于完全分散及糊化，并对粉碎试样脱脂，脱脂后的试样分散在氢氧化钠溶液中，向一定量的试样分散液中加入碘试剂，然后使用分光光度计于 720 nm 处测定显色复合物的吸光度。

考虑到支链淀粉对试样中碘—直链淀粉复合物的影响，利用马铃薯直链淀粉和支链淀粉的混合标样制作校正曲线，从校正曲线中读出样品的直链淀粉含量。

注：该方法实际上取决于直链淀粉—碘的亲和力，在 720 nm 测定的目的是使支链淀粉的干扰作用减少到最小。

5　试剂

除非另有说明，仅使用确认为分析纯的试剂，所用的水为蒸馏水或除去矿物质的水或同等纯度的水。

5.1　85％甲醇溶液。

5.2　95％乙醇溶液。

5.3 氢氧化钠溶液

5.3.1 1.0 mol/L 的氢氧化钠溶液。

5.3.2 0.09 mol/L 的氢氧化钠溶液。

5.4 脱蛋白溶液

5.4.1 20 g/L 十二烷基苯磺酸钠溶液：使用前加亚硫酸钠至浓度为 2g/L。

5.4.2 3 g/L 氢氧化钠溶液。

5.5 1 mol/L 乙酸溶液。

5.6 碘试剂：用具盖称量瓶称取(2.000±0.005) g 碘化钾，加适量的水以形成饱和溶液，加入(0.200±0.001)g 碘，碘全部溶解后将溶液定量移至 100 mL 容量瓶中，加蒸馏水至刻度，摇匀。现配现用，避光保存。

5.7 马铃薯直链淀粉标准溶液：不含支链淀粉，浓度为 1 mg/mL。

5.7.1 用甲醇(5.1)对马铃薯直链淀粉进行脱脂，以 5 滴/s～6 滴/s 的速度回流抽提 4～6 h。

马铃薯直链淀粉应很纯，应经过安培滴定或定位滴定测试。有些市售的马铃薯直链淀粉纯度不高，将可能给出不正确的高的直链淀粉含量结果。纯的直链淀粉应能够结合不少于其自身质量的 19％～20％的碘。马铃薯直链淀粉纯度检验参见附录 A。

5.7.2 将脱脂后的直链淀粉放在一个适当的盘子上铺开，放置 2 天，以使残余的甲醇挥发并达到水分平衡。支链淀粉(5.8)和试样(8.1)按同样方法处理。

5.7.3 称取(100±0.5)mg 经脱脂及水分平衡后直链淀粉于 100 mL 锥形瓶(6.8)中，小心加入 1.0 mL 乙醇(5.2)，将黏在瓶壁上的直链淀粉冲下，加入 9.0 mL 1 mol/L 的氢氧化钠溶液(5.3.1)，轻摇使直链淀粉完全分散开。随后将混合物在沸水浴(6.7)中加热 10 min 以分散马铃薯直链淀粉。分散后取出冷却到室温，转移至 100 mL 容量瓶(6.6)。加水至刻度，剧烈摇匀。1 mL 此标准分散液含 1 mg 直链淀粉。

当测试样品时，直链淀粉和支链淀粉在相同的条件下进行水分平衡，则不需要进行水分校正，获得测试结果为大米干基结果。如果测试样品和标准品不是在相同的条件下制备的，则样品和标准品的水分都要依据 GB/T 21305 进行水分测试，结果也应相应校正。

5.8 支链淀粉标准溶液：浓度为 1 mg/mL。

备好支链淀粉含量 99％(质量分数)以上的糯性(蜡质)米粉。将糯米浸泡后用捣碎机(6.1)将它们捣成微细分散状。使用脱蛋白溶液(5.4.1 和 5.4.2)彻底去掉蛋白，洗涤，然后按照 5.7.1，用甲醇(5.1)

进行回流抽提脱脂，将脱脂后的支链淀粉铺在平皿上，放置 2 天，以挥发残余的甲醇，并平衡水分。

用支链淀粉取代直链淀粉，按照 5.7.3，制备支链淀粉标准溶液，1 mL 支链淀粉标准液含 1 mg 支链淀粉。支链淀粉的碘结合量应该少于 0.2%（参见附录 A）。

6　仪器

实验室常用仪器以及以下仪器：

6.1　实验室捣碎机。

6.2　粉碎机：可将大米粉碎并通过 150～180 μm（80～100 目）筛，推荐使用配置 0.5 mm 筛片的旋风磨。

6.3　筛子：150～180 μm（80～100 目）筛。

6.4　分光光度计：具有 1 cm 比色皿，可在 720 nm 处测量吸光度。

6.5　抽提器：能采用甲醇回流抽提样品，速度为 5 滴/s～6 滴/s。

6.6　容量瓶：100 mL。

6.7　水浴锅。

6.8　锥形瓶：100 mL。

6.9　分析天平：分度值 0.000 1 g。

7　扦样

扦样应具有代表性，并保证样品在运输和贮存过程中无损坏和改变。

扦样不是本标准的一部分，推荐按 ISO 13690[1] 规定执行。

8　操作步骤

8.1　试样的制备

取至少 10 g 精米，用旋风磨（6.2）粉碎成粉末，并通过规定的筛网（6.3）。

按照 5.7.1，采用甲醇溶液（5.1）回流抽提脱脂。

注：脂类物质会和碘争夺直链淀粉形成复合物，研究证明对米粉脱脂可以有效降低脂类物质的影响，样品脱脂后可获得较高的直链淀粉结果。

脱脂后将试样在盘子或表面皿上铺成一薄层，放置 2 天，以挥发残余甲醇，并平衡水分（见 5.7）。

警告——挥发甲醇时使用通常的安全防护措施，如在通风橱中进行操作。

8.2　样品溶液的制备

称取（100±0.5 mg）试样（8.1）于 100 mL 锥形瓶（6.8）中，小心加

入 1 mL 乙醇溶液(5.2)到试样中,将黏在瓶壁上的试样冲下。移取 9.0 mL 1.0 mol/L 氢氧化钠溶液(5.3.1)到锥形瓶(6.8)中,并轻轻摇匀,随后将混合物在沸水浴(6.9)中加热 10 min 以分散淀粉。取出冷却至室温,转移到 100 mL 容量瓶(6.6)中。加蒸馏水定容并剧烈振摇混匀。

8.3 空白溶液的制备

采用与测定样品时相同的操作步骤及试剂,但使用 5.0 mL 0.09 mol/L 氢氧化钠(5.3.2)替代样品制备空白溶液。

8.4 校正曲线的绘制

8.4.1 系列标准溶液的制备

按照表1混合配置直链淀粉(5.7)和支链淀粉标准分散液(5.8)及 0.09 mol/L 氢氧化钠溶液(5.3.2)的混合液。

表 1 系列标准溶液

大米直链淀粉含量(干基)/%	马铃薯直链淀粉标准液(5.7)/mL	支链淀粉标准液(5.8)/mL	0.09 mol/L 氢氧化钠(5.3.2)/mL
0	0	18	2
10	2	16	2
20	4	14	2
25	5	13	2
30	6	12	2
35	7	11	2

a 上述数据是在平均淀粉含量为 90% 的大米干基基础上计算所得。

8.4.2 显色和吸光度测定

准确移取 5.0 mL 系列标准溶液(8.4.1)到预先加入大约 50 mL 水的 100 mL 容量瓶(6.6)中,加 1.0 mL 乙酸溶液(5.5),摇匀,再加入 2.0 mL 碘试剂(5.6),加水至刻度,摇匀,静置 10 min。

分光光度计(6.4)用空白溶液(8.3)调零,在 720 nm 处测定系列标准溶液的吸光度。

8.4.3 绘制校正曲线

以吸光度为纵坐标,直链淀粉含量为横坐标,绘制校正曲线。直链淀粉含量以大米干基质量分数表示。

8.5 样品溶液测定

准确移取 5.0 mL 样品溶液(8.2)加入到预先加入大约 50 mL 水的 100 mL 容量瓶(6.6)中,从加入乙酸溶液(5.5)开始,按照 8.4.2 步骤操作。

用空白溶液(8.3)调零，在 720 nm 处测定样品溶液的吸光度值。

注：可以用全自动分析仪如流动注射仪来代替手工分光光度计测量（参见附录 B）。

每一样品溶液应做两份平行测定。

9　结果表示

按照 ISO 8466－1，参照校正曲线(8.4.3)的吸光度值(8.5)得到测试结果。直链淀粉含量表示为干基质量分数。

以两次测定结果的算术平均值为测定结果。

10　精确度

10.1　实验室间试验

国际实验室间精确度比对测试详情参见附录 C。测试获得的数据可能不适用于其他浓度范围和材料。

10.2　重复性

在同一实验室，由同一操作者使用相同设备，按相同的测试方法，并在短时间内，对同一被试对象，独立进行测试获得的两次独立测试结果差的绝对值，大于重复性限 r 的情况不超过 5%。重复性限 r 以质量分数表示，按式(1)计算：

$$r=0.6972\times\omega^{0.20} \quad\cdots\cdots\cdots\cdots\cdots\cdots\cdots \quad (1)$$

式中：

ω——两次直链淀粉样品测试结果的平均值，单位为克每百克(g/100 g)。

10.3　再现性

在不同实验室，由不同的操作者使用不同的设备，按相同的测试方法，对同一被测对象相互独立进行测试获得的两次独立测试结果的绝对差值，大于再现性限 R 的情况不超过 5%。再现性限 R 以质量分数表示，按式(2)计算：

$$R=1.899\times\omega^{0.38} \quad\cdots\cdots\cdots\cdots\cdots\cdots\cdots \quad (2)$$

式中：

ω——两次直链淀粉样品测试结果的平均值，单位为克每百克(g/100 g)。

11　监测报告

监测报告应包括：

a)完成测试样品的所有必需信息；

b)采用的扦样方法；

c)测试方法及参考本标准的章节；

d)在本标准中未指定的所有操作的细节及易对结果产生影响的操作的细节；

e)测试结果或经过重复性检查的最终结果。

GB/T 24852－2010 大米及米粉糊化特性测定快速黏度仪法

前 言

本标准参考了美国谷物化学家协会的标准方法 AACC Method 61－02：1999《米粉糊化特性的测定快速黏度仪法》。

本标准与 AACC Method 61－02：1999 的差异为：

——删除了原标准的目的部分；

——在范围部分增加了规定本标准的术语和定义、原理、仪器和试剂、扦样、试样制备、操作步骤和结果表示等；

——增加了原理和糊化特性曲线；

——增加了结果表示；

——对各章、条中原有各注的序号做了删除或重排序号。

本标准的附录 A 为规范性附录。

本标准由国家粮食局提出。

本标准由全国粮油标准化技术委员会归口。

本标准起草单位：国家粮食局科学研究院。

本标准主要起草人：雷玲、孙辉、姜薇莉。

1 范围

本标准规定了米粉糊化特性的快速黏度分析仪测定的术语和定义、原理、仪器和试剂、扦样、试样制备、操作步骤和结果表示等。

本标准适用于大米及米粉的糊化特性测定。

2 规范性引用文件

下列文件中的条款通过本标准的引用而成为本标准的条款。凡是注日期的引用文件，其随后所有的修改单（不包括勘误的内容）或修订版均不适用于本标准，然而，鼓励根据本标准达成协议的各方研究是否可使用这些文件的最新版本。凡是不注日期的引用文件，其最新版本适用于本标准。

GB 5491 粮食、油料检验 扦样、分样法

GB/T 5497 粮食、油料检验 水分测定法

GB/T 6682 分析实验室用水规格和试验方法

3 术语和定义

下列术语和定义适用于本标准。

3.1 糊化温度 pasting temperature

试样加热后，试样黏度开始增大时的温度。

3.2 峰值黏度 peak viscosity

在规定条件下，加热使试样开始糊化至冷却前达到的最大黏度值。

3.3 峰值时间 peak time

在规定条件下，试样开始加热至达到峰值黏度的时间。

3.4 最低黏度 trough；minimum viscosity

在规定条件下，试样达到峰值黏度后，在冷却期间的最小黏度值。

3.5 最终黏度 final viscosity

在规定条件下，测试结束时的试样黏度值。

3.6 衰减值 breakdown

峰值黏度与最低黏度的差值。

3.7 回生值 setback

最终黏度与最低黏度的差值。

4 原理

在规定的测试条件下，试样的水悬浮物在加热和内源性淀粉酶的协同作用下逐渐糊化(淀粉的凝胶化)。此种变化由快速黏度分析仪连续监测。根据所获得的黏度变化曲线(糊化特性曲线)，即可确定其糊化温度、峰值温度、最低黏度、最终黏度并计算其衰减值和回生值等特征数据。

5 仪器和试剂

5.1 水：符合 GB/T 6682 的规定。

5.2 快速黏度分析仪：配有专用样品筒、搅拌器，配有控制软件的计算机。

5.3 旋风式实验磨：粉碎后样品粒度≤0.5 mm。

5.4 天平：有效刻度 0.01 g。

5.5 25 mL 量筒或定量加液器：量取精度为 0.1 mL。

6 扦样

扦样按 GB 5491 执行。实验样品应具有代表性，在运输或贮存过程中不得有损坏或者发生变化。

7 试样制备

混匀样品，按照 GB/T 5479 的方法测定样品水分。大米试样需经碾磨粉碎至适当细度(90%以上通过 CQ23 号筛网)制备而成。

8 操作步骤

8.1 仪器的准备

开启快速黏度分析仪电源，预热 30 min。开启连接的计算机电源，运行控制软件并由计算机输入或根据仪器提示载入表 1 中列示的测试程序。根据仪器的提示，顺序输入试样名称、选择欲采用的分析程序和测试序号。

表 1　测试程序

阶段	温度或转速	时间(h：min：s)
1	50 ℃	0：00：00
2	960 r/min	0：00：00
3	160 r/min	0：00：10
4	50 ℃	0：01：00
5	95 ℃	0：04：45
6	95 ℃	0：07：15
7	50 ℃	0：11：06
结束		0：12：30
读数时间间隔		4s
仪器的空载温度	50 ℃±1 ℃	

8.2 测定

量取(25.0±0.1)mL 水(按 12%湿基校正，见附录 A)，移入干燥洁净的样品筒中。用称量皿准确称取(3.00±0.01)g 试样(按 12%湿基校正，见附录 A)。把试样转移到样品筒中，将搅拌器置于样品筒中并上下快速搅动 10 次，使试样分散。若仍有试样团块留存在水面上或黏附在搅拌器上，可重复此步骤直至试样完全分散。将搅拌器置于样品筒中并可靠地插接到搅拌器的连接器上，使搅拌器恰好居中。当仪器提示允许测试时，将仪器的搅拌器电动机塔帽压下，驱动测试程序。应注意，已悬浮试样的放置时间不得超过 1 min。

测试过程将由计算机控制，按规定的测试程序进行。测试结束时，仪器将自动弹出样品筒。弃去已使用过的样品筒。

根据计算机屏幕显示的黏度变化曲线，记录糊化温度、峰值黏度、峰值时间、最低黏度、最终黏度、衰减值和回生值。

8.3　试验数量

同一个样品按 8.2 规定做两次试验。

9　结果表示

所得的数值应以如下方式表示：

——糊化温度单位为 ℃ ，精确至 0.01；

——峰值时间单位为 min，精确至 0.01；

——峰值黏度、最低黏度、最终黏度、衰减值和回生值单位以厘泊（cP）或快速黏度分析仪单位（RVU）表示，其中 1RVU＝12 cP，测定结果保留整数。

以双试样测试的峰值黏度平均值报告测试结果。若试样测定值与平均值的相对偏差大于 5％，则应重新做双试样测试。

附录 A

（规范性附录）

试验质量与加水量的校正

对于水分为 M（以 ％ 计）的试样，可使用下列公式计算应取试样的质量和加水量。也可通过查表 A.1 确定。

试样质量 S 和加水量 W 分别按照式（A.1）和式（A.2）计算：

$$S = (88 \times 3.00)/(100 - M) \quad\cdots\cdots\cdots\cdots \text{(A.1)}$$
$$W = 25 + (3.00 - S) \quad\cdots\cdots\cdots\cdots \text{(A.2)}$$

式中：

S——经水分校正的试样质量，单位为克（g）；

M——试样的实际水分，％；

W——经水分校正的加水量，单位为毫升（mL）。

表 A.1　米粉按水分校正的试样质量和加水量

水分（％）	试样质量（g）	加水量（mL）	水分（％）	试样质量（g）	加水量（mL）
8.0	2.87	25.1	12.2	3.01	25.0
8.2	2.88	25.1	12.4	3.01	25.0
8.4	2.88	25.1	12.6	3.02	25.0
8.6	2.89	25.1	12.8	3.03	25.0
8.8	2.89	25.1	13.0	3.03	25.0
9.0	2.90	25.1	13.2	3.04	25.0
9.2	2.91	25.1	13.4	3.05	25.0

水分(%)	试样质量(g)	加水量(mL)	水分(%)	试样质量(g)	加水量(mL)
9.4	2.91	25.1	13.6	3.06	24.9
9.6	2.92	25.1	13.8	3.06	24.9
9.8	2.93	25.1	14.0	3.07	24.9
10.0	2.93	25.1	14.2	3.08	24.9
10.2	2.94	25.1	14.4	3.08	24.9
10.4	2.95	25.1	14.6	3.09	24.9
10.6	2.95	25.0	14.8	3.10	24.9
10.8	2.96	25.0	15.0	3.11	24.9
11.0	2.97	25.0	15.2	3.11	24.9
11.2	2.97	25.0	15.4	3.12	24.9
11.4	2.98	25.0	15.6	3.13	24.9
11.6	2.99	25.0	15.8	3.14	24.9
11.8	2.99	25.0	16.00	3.14	24.9
12.0	3.00	25.0	16.2	3.15	24.9

主要参考文献

[1]ANDERSON J M, HNILO J, LARSON R , et al. The encoded primary sequence of a rice seed ADP－glucose pyrophosphorylase subunit and its homology to the bacterial enzyme[J]. J Biol Chem , 1989, 264: 12238－12242.

[2]CAGAMPANG G B, PEREZ C M, JULIANO B O. Agelconsis tencytest for eating quality rice[J]. J Sci Food Agric, 1973, 24(1): 1589－1594.

[3]CHEN C L, LIC C, SUNG J M. Carbohydrate metabolism enzymes in CO_2－enriched developing rice grains of cultivars varying in grain size[J]. Physiol Plant, 1994, 90: 79－85.

[4]CHENG F M, ZHU H J, ZHONG L J, et al. Effect of temperature on rice starch biosynthesis metabolism at grain-filling stage of early indica rice [J]. Agricultural Sciences in China, 2003, 2(5): 473－482.

[5]COOPER N T W, SIEBENMORGEN T J, COUNEE P A, et al. Explaining rice milling quality variation using historical weather data analysis[J]. Cereal chemistry, 2006, 83(4): 447－450.

[6]DENYER K, SIDEBOTTOM C, HYLTON C M , et al. Soluble isoforms of starch synthase and starch brancdhing enszyme also occur within starch-granule in developing pea embryos[J]. Plant Jour, 1993, 4: 191－198.

[7]DONALD C M. The breeding of crop ideotypes[J]. Euphytica, 1968, 17: 385－403.

[8]HALICK J V, TIPPLES V J. Gelatinization and pasting characteristics of rice varieties as related to cooking behavior [J]. Cereal Chem, 1959, 36 (1): 91－98.

[9]HUBER S C, HUBER J L. Role and regulation sucrose-phosphate synthase in higher plants[J]. Annu Rev Plant Physiol Plant Mol Biol , 1996, 47: 431－444.

[10]JONES D B, PETERSON M L, GENG S. Association between grain filling rate and duration and yield components in rice[J]. Crop Science, 1978, 19(5): 641—644.

[11]KATO T. Change of sucrose synthase activity in developing endosperm of rice cultivars[J]. Crop Science, 1995(35): 827—831.

[12]KHUSH G S. Prospects of and approaches to increasing the genetic yield potential of rice[G]// EVENSON R E , HERDT RW, HOSSAIN, M. Rice research in Asia: Progress and Priorities. Wallingford (United Kingdom): CAB INTERNATIONAL, 1996: 59—71.

[13]KOBATAT, NAGANOT, IDAK. Critical factors for grain filling in low grain—ripening rice cultivars[J]. Agronomy Journal, 2006, 98M3: 536—544.

[14]KUMAMARU T, SATOH H, IWATA N, et al. Mutants for rice storage proteins. Ⅰ. Screening of mutants for rice storage proteins of protein bodies in the starchy endosperm[J]. Theor Appl Genet, 1988, 76: 11—16.

[15]KUMAMARU T, SATOH H, IWATA N, et al. Mutants for rice storage proteins. Ⅲ. Genetic analysis of mutants for storage proteins of protein bodies in the starchy endosperm[J]. Jpn J Genet, 1987, 62: 333—339.

[16]KUMAMARU T, SATOH H, OMURA T, et al. Mutants for rice storage proteins. Ⅳ. Maternally inherited mutants for storage proteins of protein bodies in the starchy endosperm[J]. Heredity, 1990, 64 : 9—15.

[17]LEESAWATWONG M, JAMJOD S, KUO J, et al. Nitrogen fertilizer increases seed protein and milling quality of rice[J]. Cereal chemistry, 2005, 82(5): 588—593.

[18]LITTLE R R , HILDER G B, DAWSON E H. Differential effect of dilute alkili on 25 varieties of milled white rice[J]. Cereal Chem, 1958, 35(2): 111—126.

[19]MCCOLLUM T G, HUBER D J, CANTLIFFE D J. Soluble sugar accumulation and activity of related enzymes during musk melon fruit development[J]. Jamer Soc Hort Sci , 1988, 113: 399—403.

[20]MORRISON W R, MILLIGAN T P, AZUDIN M N. A relation between the amylose and lipid contents of starches from diploid cereals[J]. J Cereal Sci , 1084, 2: 257—271.

[21]NAKAMURA Y, YUKI K, PARK S Y, et al. Carbohydrate metabolism in the developing endosperm of rice grains[J]. Plant and Cell Physiology, 1989, 30: 833—839.

[22]NAKAMURA Y, KAWAGUCHI K. Multiple forms of ADP glucose pyrophosphorylase of rice endosperm[J] . Physiol Plant , 1992, 84: 336—342.

[23]PENG S, KHUSH G S, CASSMAN K G. Evoluation of a new plant Ideotype for increased yield potential breaking the yield barrier [M] . Manila: IRRI,

1994: 5—20.

[24]RANDHAWA A S, KAHLON P S, DHALIWAL H S. Rate and duration of grainfilling in wheat Indian[J]. The Indian Journal of Genetics & Plant Breeding, 1992, 52(2): 161—163.

[25]RICHARDS, F J. A flexible growth function for empirical use[J]. J. Exp. Bot, 1959, 10(29): 290—300.

[26]SAMONTE S O P, WILSON L T, MCCLUNG A M. Path analyses of yield and yield—related traits of fifteen rice genotypes[J]. Crop Sci, 1998(38): 1130—1136.

[27]SINGE R, JULIANO B O. Free sugars in relation to starch accumulation in developing rice grain [J]. Plant Physiol, 1977, 59: 417—421.

[28]SMEEKENS S, ROOK F. Sugar sensing and sugarmediated signal transduction in plants[J]. Plant Physical , 1997, 115: 7—13.

[29]SMITH A M, DENYER K, MARTIN C R. What controls the amount and structure of starch in storage organs? [J]. Plant Physiol, 1995, 107: 673—677.

[30]TAKAI T, FUKUTA Y, SHIRAIWA T, et al. Time-related mapping of qualititative trait loci controlling grain—filling in rice (*Oryza sativa* L.) [J]. J. . Exp. Bot. , 2005, 56, 418: 2107—2118.

[31]TIAN Z X, QIAN Q, LIU Q Q, et al. Allelic diversities in rice starch biosynthesis lead to a diverse array of rice eating and cooking qualities[J]. PNAS, 2009, 106: 21760—21765.

[32]WANG E T, XU X, ZHANG L, et al. Research article Duplication and independent selection of cell—wall invertase genes GIF1 and OsCIN1 during rice evolution and domestication[J]. BMC Evolutionary Biology, 2010, 10: 108.

[33]WANG E T, WANG J J, ZHU X D, et al. Control of rice grain—filling and yield by a gene with potential signature of domestication[J]. Nature Genet , 2008, 40: 1370—1374.

[34]YANO M, OKUNO K, SATOH , et al. Chromosomal location of gens conditioning lowamylose content of endosperm starches in rice, oryza sativa L[J]. Theor Appl Genet, 1988, 76: 183—189.

[35]YE X D, AL-BABILIS, KLOTIA, et al. Engineering the provitamin a (β—Carotene) biosynthetic pathway into (Carotenoid—Free) rice ndosperm[J]. Science, 2000(287): 303—305.

[36]YE Z H, LU Z Z, ZHU J. Genetic analysis for developmental behavior of some seed quality traits in upland cotton (Gossypum hirsutum L.) [J]. Euphytica, 2003, 129: 183—191.

[37]ZHU J. Analysis of conditional genetic effects and variance components in developmental genetics[J]. Genetics, 1995, 141: 1633—1639.

[38]敖雁, 徐辰武, 莫惠栋. 籼型杂种稻米品质性状的数量遗传分析[J]. 遗

传学报，2000，27(8)：706—712.

[39]奥野 員敏，不破英次，矢野昌裕. イネ胚乳澱粉のアミロース含量を減少させる突然変異遺伝子[J]. 育種学雑誌，1983(33)：387—394.

[40]包劲松，夏英武. 基因型×环境互作效应对籼稻蒸煮食用品质的影响[J]. 浙江大学学报：农业与生命科学版，2000，26(2)：144—150.

[41]鲍根良，奚永安. 粳稻垩白与产量性状及其他性状的相关分析[J]. 浙江农业学报，1997，9(1)：1—4.

[42]蔡一霞，徐大勇，朱庆森. 稻米品质形成的生理基础研究进展[J]. 植物学通报，2004，21(4)：419—428.

[43]蔡一霞，朱智伟，王维，等. 直链淀粉含量与稻米品质主要性状及米饭质地关系的研究[J]. 扬州大学学报，2005，26(4)：52—55.

[44]曹显祖，朱庆森. 水稻品种的源库特性及类型划分的研究[J]. 作物学报，1987，13(4)：265—272.

[45]長户一雄，お米の品質について[J]. 日作紀，1973，42(2)：238—257.

[46]長户一雄，岸洋一. 米の粒質に関する研究第2報. 炊飯特性の品種間差異について[J]. 日本作物学会記事，1966(35)：245—256.

[47]長户一雄. 穂上位置に依る米粒成熟の差異就以て[J]. 日作紀，1941，13(2)：156—169.

[48]陈葆国，彭仲明，徐运启. 水稻糊化温度的遗传分析[J]. 华中农业大学学报，1992，11(2)：115—119.

[49]陈光辉，官春云，陈立云，等. 亚种间杂交稻籽粒充实度研究进展[J]. 作物研究，2001(3)：47—51.

[50]陈光辉，周清明，王建龙，等. 两系法杂交水稻籽粒充实度与双亲缘差异的相关性[J]. 湖南农业大学学报，2003，28 (10)：5—7.

[51]陈光辉. 两系籼粳亚种间杂交稻充实度研究[D]. 湖南农业大学博士学位论文，1999.

[52]陈健. 辽宁省水稻生产及其产业化现状、问题和发展对策[J]. 中国稻米，2003(5)：30—33.

[53]陈能，李太贵，罗玉坤. 早籼稻胚乳充实过程中的温度变化对垩白形成的影响[J]. 江西农业学报，2001，13(2)：103—106.

[54]陈温福，徐正进，张龙步，等. 不同株型粳稻品种的冠层特征和物质生产关系的研究[J]. 中国水稻科学，1991，5(2)：67—71.

[55]陈温福，徐正进，张龙步，等. 水稻超高产育种生理基础[M]. 沈阳：辽宁科学技术出版社，2003.

[56]陈学斌，徐晓洁，朱兆民，等. 二系法杂交稻营养生理特征研究，——Ⅰ. 二系法杂交稻源库特征及光合产物的流向[J]. 湖南农业科学，1991 (1)：7—9.

[57]陈志德，仲维功，杨杰，等. 不同类型水稻品种品质性状间相互关系的分

析[J]. 上海交通大学学报：农业科学版. 2003, 21(1)：20-25.

[58]程方民，蒋德安，吴平，等. 早籼稻籽粒灌浆过程中淀粉合成酶的变化及温度效应特征[J]. 作物学报，2001，27(2)：201-206.

[59]程方民，杨宝平. 小样品直链淀粉含量的简易测定法[J]. 植物生理学通讯，2001，37(1)：45-50.

[60]程方民，钟连进. 不同气候生态条件下稻米品质性状的变异及主要影响因子分析[J]. 中国水稻科学，2001，15(3)：187-191.

[61]程方民，钟连进. 早籼水稻垩白部位淀粉的蒸煮食味品质特征[J]. 作物学报，2002，28(3)：363-368.

[62]程海涛. 辽宁粳稻品种产量性状与品质性状相关性的研究[D]. 沈阳农业大学硕士学位论文，2003，6.

[63]程式华，曹立勇，翟虎渠，等. 后期功能型超级杂交稻的概念及生物学意义[J]. 中国水稻科学，2005，19(3)：280-284.

[64]程式华，廖西元，闵绍楷，等. 中国超级稻研究：背景、目标和有关问题的思考[J]. 中国稻米，1998(1)：3-5.

[65]程旺大，张国平，姚海根，等. 水稻和陆稻籽粒灌浆特性的比较[J]. 中国水稻科学 2002，16(4)：335-340.

[66]程旺大，张国平，姚海根，等. 密穗型水稻品种的籽粒灌浆特性研究[J]. 作物学报，2003，29(6)：841-846.

[67]崔晶，森田茂纪. 水稻食味学[M]. 天津：天津教育出版社，2007.

[68]崔鑫福. 北方粳稻灌浆生理特性及其与品质的相关研究[D]. 沈阳农业大学硕士学位论文，2006.

[69]邓化冰，陈立云. 稻米品质性状遗传及性状间相关性的研究综述[J]. 杂交水稻，2004，19(4)：1-6.

[70]邓启云，马国辉. 亚种间杂交水稻维管束性状及其与籽粒充实度关系的初步研究[J]. 湖北农学院学报，1992，12(9)：7-11.

[71]邓仲篪，周鹏，陈翠连，等. 籼粳亚种组合的结实率与光合产物供给水平及转运效率间的关系[J]. 华中农业大学学报，1993，12(4)：333-338.

[72]邓仲篪. 籼粳亚种间组合与干物质累积效益与光合特性的关系[J]. 杂交水稻，1992(1)：40-42.

[73]丁君辉，王若仲，萧浪涛，等. 水稻籽粒灌浆特性与籽粒充实度的关系[J]. 湖南农业科学，2003(4)：24-27.

[74]董明辉，桑大志，杨建昌，等. 不同施氮水平下水稻穗上不同部位籽粒的蒸煮与营养品质变化[J]. 中国水稻科学，2006，20(4)：389-395.

[75]段俊，梁承业，黄敏文，等. 不同类型水稻品种(组合)籽粒灌浆特性及库源关系的比较研究[J]. 中国农业科学，1996，29(3)：66-73.

[76]方平平，林荔辉，李维明，等. 杂交稻外观品质性状的遗传控制[J]. 福建农林大学学报：自然科学版，2004，33(2)：137-140.

[77]伏军. 稻米垩白的发生机理及其发育[J]. 湖南农业科学，1987(2)：17.

[78]冈留博司，豊島英親，須藤充，等. 米飯1粒の多面的物性測定に基づく米の食味評価[J]. 日本食品科学工学会誌，1998，45(7)：8－17.

[79]高木芳惠，正岡佐智惠，高橋一典，塚本心一郎，松田智明，長南信雄. 炊飯米の微細構造と食味：ⅩⅩⅠ. 表面構造のパターンと食味評価[J]. 日本作物学会関東支部会報，1997，12：48－49.

[80]高佩文，谈松. 水稻高产理论与实践［M］. 北京：中国农业出版社，1994.

[81]高橋一典，松田智明，長南信雄. 炊飯米の微細構造と食味 ⅩⅩⅡ炊飯にともなう炊飯米表面構造の形成過程[J]. 日本作物学会記事，1998，67(2)：206－207.

[82]高橋一典，松田智明，長南信雄. 炊飯米の微細構造と食味 ⅩⅥ炊飯にともなうデンプン粒の糊化過程(良食味米の場合)[J]. 日本作物学会記事，1996，65(2)：243－244.

[83]高橋一典，松田智明，長南信雄. 炊飯米の微細構造と食味 ⅩⅩ炊飯にともなうデンプン粒の糊化過程(糯米の場合)[J]. 日本作物学会記事，1997，66(2)：283－284.

[84]高橋一典，松田智明，下坪訓次，等. 炊飯米の微細構造と食味ⅩⅢ白米の窒素含有率の影響[J]. 日本作物学会記事，1995，64(2)：205－206.

[85]高橋一典，松田智明，中村保典，等. 炊飯米の微細構造と食味 ⅩⅦ粒内位置別のアミロペクチン側鎖長分布の違い[J]. 日本作物学会記事，1996，66(2)：50－51.

[86]高橋一典，松田智明，中村保典，等. 炊飯米の微細構造と食味 ⅩⅩⅤアミロペクチン側鎖長分布画デンプンの糊化特性に及ぼす影響(粳米の場合)[J]. 日本作物学会記事，1999，68(1)：226－227.

[87]高橋一典，松田智明，中村保典，等. 炊飯米の微細構造と食味 ⅩⅩⅧ登熱温度の違いがイネ胚乳デンプンのアミロペクチンの側鎖長分布と糊化特性に及ぼす影響[J]. 日本作物学会記事，2000，69(2)：92－93.

[88]高橋一典，松田智明，塚本心一郎，等. 炊飯米の微細構造と食味 ⅩⅧ晩期移植の影響[J]. 日本作物学会記事，1997，66(1)：298－299.

[89]高士杰，陈温福，徕止进，等. 直立穗型水稻的研究Ⅲ 直立穗型水稻品种成粒率的研究[J]. 吉林农业科学，2001，26(1)：3－7.

[90]高士杰，张龙步，陈温福，等. 直立穗型水稻群体小气候环境研究[J]. 中国农业气象，2000，21(3)：23－26.

[91]耿文良，冯瑞英. 中国北方粳稻品种志［M］. 河北科学技术出版社，1995.

[92]顾世梁，朱庆森，杨建昌，等. 不同水稻材料籽粒灌浆特性的分析[J]. 作物学报，2001，27(1)：7－14.

[93]桂启发. 灰色理论分析稻米重量与品质的关系[J]. 陕西农业科学，2006

（5）：8—11.

[94]郭咏梅，卢义宣，刘晓利，等. 杂交籼稻稻米主要品质性状的遗传改良[J]. 西南农业学报，2003，16(2)：17—21.

[95]郭玉春，林文雄，梁义元，等. 新株型水稻物质生产与产量形成的生理生态：Ⅰ新株型水稻物质生产与灌浆特性[J]. 福建农业大学学报，2001，30(1)：16—21.

[96]郭玉春，林文雄，梁义元，等. 新株型水稻物质生产与产量形成的生理生态：Ⅳ源库关系与后期生理生化特性[J]. 福建农林大学学报：自然科学版，2002，31(4)：418—422.

[97]何道根，潘晓琳，屈为栋，等. 杂交早稻穗充实率的遗传分析[J]. 中国农学通报，1998，14(5)：30—32.

[98]何光华. 水稻籽粒的灌浆研究：Ⅱ不同生长阶段籽粒灌浆持续期、灌浆速率和干物质积累量的杂种优势和配合力[J]. 西南农业学报，1995，5(1)：1—6.

[99]何 光存，木暮 秩，鈴木 裕. 米粒の生長並びに米デンプン合成に関する研究 ：第3報 登熟期間における温度が米粒内外部デンプンの性質に及ぼす影響 日本作物學會紀事[J]. 1990，59：340—34.

[100]何照范. 粮油籽粒品质及其分析技术[M]. 北京：农业出版社，1985.

[101]胡孔峰，杨泽敏，朱永桂. 垩白与稻米品质的相关性研究进展[J]. 湖北农业科学，2003(1)：19—22.

[102]黄德娟，柳武革，陈坤朝. 基于 AMMI 模型的水稻品种区域试验分析[J]. 广东农业科学，2001(4)：2—4.

[103]黄发松，孙宗修，胡培松，等. 食用稻米品质形成研究的现状与展望[J]. 中国水稻科学，1998，12(3)：172—176.

[104]黄晓群，赵海新，董春林，等. 稻米品质及其遗传特性研究进展[J]. 种子，2005，24(7)：50—53.

[105]黄耀样. 水稻超高产育种研究[J]. 作物杂志，1990(4)：1—2.

[106]贾志宽，高如嵩，张嵩午，等. 水稻齐穗后温度对稻米垩白影响途径研究[J]. 西北农业大学学报，1991，19(3)：27—30.

[107]江幡守衛. 米のアルカリ崩壊性に関する研究 ：第1報白米のアルカリ検定法について[J]. 日本紀，1968(37)：499—503.

[108]姜萍，甘雨，李其义. 不同杂交稻组合米质指标变异度及相关分析[J]. 贵州农业科学，2006，34(增刊)：16—17.

[109]蒋开锋，郑家奎，杨 莉. F基于 AMMI 模型的籼型杂交香稻稻米胶稠度的遗传效应研究[J]. 西南农业学报，2004，19(2)：165—169.

[110]角田重三郎，水稻生理生态译丛[M]. 黄湛节，译. 北京：中国农业出版社，1981，150—153.

[111]金京德，张三元. 国内外优质稻米品质性状研究进展[J]. 吉林农业科学，2003，28(6)：13—15.

[112]金正勋，秋太权，孙艳丽，等. 稻米品质形成机理研究—品质不同的粳稻品种籽粒灌浆过程中胚乳内含物质积累动态的比较研究[J]. 东北农业大学学报，2000，31(2)：105－111.

[113]金正勋，秋太权，孙艳丽，等. 粳稻杂种后代稻米垩白率的遗传变异研究[J]. 东北农业大学学报，2001，32(2)：123－128.

[114]菊地治己. イネ胚乳成分に関す育種学の研究[M]. 北海道立農試報告，1988，68.

[115]康海岐，曾宪平. 杂交稻米主要品质性状的遗传研究与改良[J]. 西南农业学报，2001，14(2)：100－104.

[116]柯建国，江海东，陆建飞，等. 水稻不同库源类型品种灌浆特点及库源协调关系的研究[J]. 南京农业大学学报，1998，21(3)：15－20.

[117]寇洪萍. 肥水处理对稻米品质影响的研究[D]. 沈阳农业大学博士学位论文，2003，6.

[118]李国锋，宋平，曹显祖. 籼粳杂交稻籽粒库活性与其充实关系的研究[J]. 西北植物学报，2000，20(2)：179－186.

[119]李合生. 植物生理生化实验原理和技术[M]. 高等教育出版社，2000，197－199.

[120]李军. 稻米品质遗传研究方法(综述)[J]. 上海农业学报，2001，17(2)：41－44.

[121]李木英，潘晓华，石庆华，等. 远系杂交结实期物质运转特性及其对籽粒灌浆影响的初步研究[J]. 西农业大学学报，1998，20(3)：296－301.

[122]李荣改，孟祥祯，王玉珍，等. 不同类型的水稻组合(品种)干物质生产和光合特性与籽粒充实度的比较[J]. 华北农学报，1998，13(3)：36－40.

[123]李荣改，孟令启，冯瑞光，等. 亚种间杂交稻籽粒充实度的遗传分析[J]. 华北农学报，2000，15(2)：6－10.

[124]李淑琴，梁国生，李文华. 国家优质稻谷新标准与优质粳稻的选育[J]. 垦殖与稻作，2001(1)：6－7.

[125]李太贵，沈波，陈能，等. Q酶在水稻籽粒垩白形成中作用的研究[J]. 作物学报，1997，23(3)：338－344.

[126]李天真. 稻谷的加工品质与其他品质的关系[J]. 粮食与饲料工业，2005(7)：1－3.

[127]李伟，左清凡，张建中，等. 水稻不同遗传分化品系(种)杂种籽粒充实度的比较分析[J]. 杂交水稻，2003，18(1)：40－43.

[128]李献坤. 两系杂交水稻F1代结实率低和充实度不高的生理生化研究[C]. 长沙：湖南农学院，1992.

[129]李欣，顾铭洪. 稻米直链淀粉含量的遗传及选择效应的研究. 谷类作物品质性状遗传研究进展[M]. 南京：江苏科学技术出版社，1990，68－74.

[130]李欣，莫惠栋，王安民，等. 粳型杂种稻米品质性状的遗传表达[J]. 中

国水稻科学，1999，13(4)：197－204.

[131]李雅娟，崔成焕. 稻米品质与结实期温度[J]. 东北农业大学学报，1996，27(3)：223－230.

[132]李毅念，王俊. 稻谷按厚度分级加工后的特性与应用分析[J]. 农业机械学报，2007，38(8)：181－186.

[133]豊島英親，岡留博司，大坪研一，等. ラピッドビスコアナライザーによる米粉粘度特性の微量迅速測定方法に関する共同試験[J]. 日本食品科学工学会誌，1997，44(8)：37－42.

[134]豊島英親，岡留博司，大坪研一. 単一装置による米飯物性の多面的評価[J]. 日本食品科学工学会誌，1996，43(9)：28－35.

[135]梁建生，曹显祖，徐生，等. 水稻籽粒库强与其淀粉积累之间关系的研究[J]. 作物学报，1994，20(6)：685－691.

[136]梁敬昆，王学海，卢乃第. 杂交稻米及其亲本淀粉粒形态的扫描电镜观察[J]. 中国水稻科学，1996，10(2)：79－84.

[137]梁康迳，林文雄，陈志雄，等. 不同环境下水稻谷粒重的发育遗传分析[J]. 中国农业科学，2003，36(10)：1113－1119.

[138]林建荣，石春海，吴明国. 不同环境条件下粳型杂交稻米外观品质性状的遗传效应[J]. 中国水稻科学，2003，17(1)：16－20.

[139]林建荣，石春海，吴明国. 不同环境条件下粳型杂交稻米碾磨品质性状的遗传效应分析[J]. 生物数学学报，2003，18(1)：116－122.

[140]林世成，闵绍楷. 中国水稻品种及系谱[M]. 上海科学技术出版社，1991.

[141]林文雄，郭玉春，梁康迳，等. 杂交水稻产量与品质形成的发育生理与遗传生态学研究[J]. 福建农业学报，2006，21(1)：1－8.

[142]凌启鸿，苏祖芳. 水稻成穗率与群体质量的关系及其影响因素的研究[J]. 作物学报，1995，21(4)：463－469.

[143]刘海虹，周海鹰，张文绪. 水稻胚乳淀粉显微结构的初步观察[J]. 电子显微学报，2001，20(3)：185－187.

[144]刘建丰，康春林，伏军，等. 水稻籽粒充实状况指标测定方法研究[J]. 作物研究，1993，7(1)：16－19.

[145]刘明，李耘，周朝林，等. 水稻籼粳杂交籽粒充实度的研究[J]. 水稻高粱科技，1994(2)：24－26.

[146]刘燕德，欧阳爱国. 水稻粒形与稻米品质的相关性试验[J]. 农机化研究，2004(5)：194－195.

[147]刘贞琦，刘振业，马达鹏，等. 水稻叶绿素含量及其与光合速率关系的研究[J]. 作物学报，1984，10(1)：32－36.

[148]卢庆善，孙毅，华泽田. 农作物杂种优势[M]. 中国农业科技出版社，2001.

[149]卢向阳，匡逢春，李献坤，等. 两系亚种间杂交水稻高空秕率的生理原因探讨[J]. 湖南农学院学报，1992，18(3)：510－515.

[150]吕川根，谷福林，邹江石，等. 水稻理想株型品种的生产潜力及其相关特性研究[J]. 中国农业科学，1991，24(5)：15－23.

[151]吕文彦，曹萍，邵国军，等. 辽宁省主要水稻品种品质性状研究[J]. 辽宁农业科学，1997(5)：7－11.

[152]吕文彦，邵国军，曹萍，等. 辽宁省水稻品质兼及品质与产量关系的研究：Ⅲ不同穗型强势粒与弱势粒稻米差异[J]. 辽宁农业科学，2001(1)：1－3.

[153]吕文彦，邵国军，曹萍，等. 辽宁省水稻品质兼及品质与产量关系的研究：Ⅴ 稻谷灌浆与稻米品质[J]. 辽宁农业科学，2001(6)：19－21.

[154]吕文彦，张鉴，曹萍，等. 粳稻品质及其产量关系的种子效应与母体效应估测[J]. 华中农业大学学报，2002，21(4)：325－328.

[155]吕文彦. 辽宁省水稻品质兼及品质与产量关系的研究：Ⅳ不同源库关系与稻米品质[J]. 辽宁农业科学，2001(2)：1－4.

[156]吕文彦. 粳稻品质兼及品质与产量关系的若干研究[D]. 沈阳农业大学博士学位论文，2000.

[157]马国辉，邓启云. 两系杂交水稻栽培技术与籽粒物质积累理论的初步研究[J]. 湖南农业科学，1991(2)：15－17.

[158]马国辉. 水稻的两段灌浆[J]. 中国水稻科学，1996，10(3)：147－149.

[159]马莲菊，高峰，杜慧明，等. 两种不同穗型水稻品种灌浆期间物质生产特性的比较[J]. 山东农业大学学报，2004，35(1)：11－14.

[160]马莲菊，吕文彦，邵国军，等. 中晚熟粳稻米质性状综合分析[J]. 沈阳农业大学学报，2006，37(4)：556－559.

[161]马莲菊. 北方粳稻稻米品质生态及生理遗传基础研究[D]. 沈阳农业大学博士学位论文，2005.

[162]马晓娟. 关于稻米蒸煮与食味评价的研究[D]. 扬州大学硕士论文，2005.

[163]莫惠栋. 我国稻米品质的改良[J]. 中国农业科学，1993，26(4)：8－14.

[164]穆培源，庄丽，张吉贞，等. 作物品种稳定性分析方法的研究进展[J]. 新疆农业科学，2003，40(3)：142－144.

[165]農文協. 農業技術大系. 作物編[M]. 日本东京，1995.

[166]潘晓华，李木英，曹黎明，等. 水稻发育胚乳中淀粉的积累及淀粉合成的酶活性变化[J]. 江西农业大学学报，1999，21(4)：456－462.

[167]彭佶松，郑志仁，刘涤，等. 淀粉的生物合成及其关键酶[J]. 植物生理学通讯，1997，33(4)：297－303.

[168]平宏和，平春枝，佐野稔夫. 宮城県産水稲玄米とその精白米の化学成分組成[J]. 日作紀，1979，48(1)：25－33.

[169] 钱月琴，贺东祥，沈允刚. 杂交水稻籽粒充实率问题初探[J]. 植物生理学通讯，1992，28(2)：121－127.

[170] 瞿波，徐运启，傅丽霞. 品质不同的稻米胚乳细胞形态特征的扫描电镜观察[J]. 华中农业大学学报，1991，10(4)：404－408.

[171] 权太勇，韩显杰，孙立伟，等. 水稻籽粒充实程度术语与测定方法探讨[J]. 沈阳农业大学学报，1998，29(2)：199－200.

[172] 任鄩胜，汪秀志，肖培村，等. 杂交水稻稻米品质性状的相关及聚类分析[J]. 中国水稻科学，2004，18(2)：130－134.

[173] 邵国军，吕文彦，裴忠友，等. 辽宁省水稻品质兼及品质与产量关系的研究：Ⅵ浅论辽宁省稻米生产发展方向[J]. 辽宁农业科学，2002(1)：24－26.

[174] 邵国军. 辽宁省水稻新老品种比较研究[J]. 辽宁农业科学，1998，(1)：12－17.

[175] 社团法人日本精米工业会和株式会社 kett 科学研究所. rice meseum ライスミュージアム お米の品質評価テキスト[M]. 日本东京，2002.

[176] 申岳正，闵绍楷. 稻米直链淀粉含量的遗传及测定方法的改进[J]. 中国农业科学，1990，23(1)：60－68.

[177] 石春海，何慈信，朱军. 稻米碾磨品质性状遗传主效应及其与环境互作的遗传分析[J]. 遗传学报，1998，25(1)：46－53.

[178] 石春海，申宗坦. 早籼稻谷粒性状遗传效应的分析[J]. 浙江农业大学学报，1994，20(4)：405－410.

[179] 石春海，吴建国，朱军，等. 不同环境下籼稻糙米重的发育遗传研究[J]. 植物学报，2001，43(6)：603－609.

[180] 石春海，朱军. 籼稻稻米外观品质与其他相关性状的遗传分析[J]. 浙江农业大学学报，1994，20(6)：606－610.

[181] 石春海，朱军. 籼稻稻米蒸煮品质的种子和母体遗传效应分析[J]. 中国水稻科学，1994，8(4)：129－134.

[182] 史春余，金留福，付金民，等. 不同结实率水稻生理特性的研究[J]. 山东农业大学学报，1996，27(3)：259－263.

[183] 松岛省三. 水稲幼穂の発育とその診断[M]. 農業技術協会，1957.

[184] 松岛省三. 稻作的理论与技术[M]. 庞诚，译. 北京：中国农业出版社，1981：249－250.

[185] 松田智明，長南信雄，土屋哲郎. 炊飯米の微細構造：V. 精米に伴う米粒表層構造の変化[J]. 日本作物学会紀事，1991，60(別2)：271－272.

[186] 松田智明，長南信雄. 炊飯米の微細構造：Ⅲ. 炊飯によって分解しないタンパク顆粒，胚乳細胞壁およびアミロプラスト包膜について[J]. 日本作物学会紀事，1990，59(別1)：276－277.

[187] 松田智明，高橋一典，新田洋司. 炊飯米の微細構造と食味：ⅩⅩⅥ，炊飯にともなう米粒中のデンプン粒の糊化過程[J]. 日本作物学会記事，2000，

69(1)：38—39.

　　[188] 松田智明，水口寿惠，高橋一典，新田洋司. 炊飯米の微細構造と食味：XXIV. 電気釜内部の位置の違いによる炊飯米の微細骨格構造の変異[J]. 日本作物学会関東支部会報，1998(13)：66—67.

　　[189] 松田智明，小川孝之，土屋哲郎，長南信雄. 炊飯米の微細構造：VIII. 熱水中の溶出物の多少が炊飯米の構造と食味に及ぼす影響[J]. 日本作物学会紀事，1992，61(別1)：220—221.

　　[190] 松田智明，小川孝之，土屋哲郎，長南信雄. 炊飯米の微細構造：VI. 精米機種および洗米程度の違いによる精白米表層構造の変化[J]. 日本作物学会紀事，1991，60(別2)：273—274.

　　[191] 松田智明，原弘道，長南信雄. 炊飯米の微細構造：IX. 飯構造の発達阻害要因としてのタンパク顆粒，胚乳細胞壁およびアミロプラスト包膜[J]. 日本作物学会紀事，1992，61(別2)：179—180.

　　[192] 松田智明，原弘道，長南信雄. 炊飯米の微細構造：X. 表面構造の種類および内部構造との対応関係[J]. 日本作物学会関東支部会報，1992，7：63—64.

　　[193] 松田智明，原弘道，土屋哲郎，長南信雄. 炊飯米の微細構造：VII. 水洗および湯洗処理が表面の微細構造に及ぼす影響[J]. 日本作物学会関東支部会報，1991(6)：67—68.

　　[194] 隋国民. 辽宁省水稻育种及产业化发展策略探讨[J]. 辽宁农业科学，2003(4)：20—22.

　　[195] 孙成明，苏祖芳. 水稻株型的研究进展(综述)[J]. 上海农业学报，2004，20(1)：41—44.

　　[196] 孙旭初. 水稻叶型的类别及其与光合作用关系的研究[J]. 中国农业科学，1985(4)：49—55.

　　[197] 孙业盈，吕彦，董春林，等. 水稻 Wx 基因与稻米 AC、GC 和 GT 的遗传关系[J]. 作物学报，2005，31(5)：535—539.

　　[198] 唐启义，冯明光. 实用统计分析及其 DPS 数据处理系统[M]. 北京：科学出版社，1997：614—622.

　　[199] 唐湘如，余铁桥. 灌浆成熟期温度对稻米品质及有关生理生化特性的影响[J]. 湖南农学院学报，1991，17(1)：1—8.

　　[200] 陶龙兴，王熹，廖西元，等. 灌浆期气温与源库强度对稻米品质的影响及其生理分析[J]. 应用生态学报，2006，17(4)：647—652.

　　[201] 田小海，周劲松，工藤哲夫，等. 不同类型杂交稻组合灌浆特性的比较研究[J]. 浙江农业科学，2002(1)：8—11.

　　[202] 万常照. 水稻超高产育种研究进展[J]. 上海农业学报，2000，16(4)：38—42.

　　[203] 万向元，胡培松，王海莲，等. 水稻品种直链淀粉含量、糊化温度和蛋

白质含量的稳定性分析[J]. 中国农业科学，2005，38(1)：1—6.

[204] 王伯伦，王术，李钦德，等. 1949～2000 年辽宁省水稻育种情况分析[J]. 辽宁农业科学，2002(5)：5—8.

[205] 王成瑗，王伯伦，张文香，等. 栽培密度对水稻产量及品质的影响[J]. 沈阳农业大学学报，2004，35(4)：318—322.

[206] 王丰，程方民. 从籽粒灌浆过程上讨论水稻粒间品质差异形成的生理机制. [J]. 种子，2004，23(1)：31—35.

[207] 王凤华，王贵学，黄俊丽，等. 水稻株型的研究进展[J]. 中国农学通报，2004，20(6)：131—135.

[208] 王夫玉，黄石生. 水稻群体源库特征及高产栽培策略研究[J]. 中国农业科学，1997，30(5)：25—33.

[209] 王辉，郭玉华，张燕之. 旱稻与水稻品种产量稳定性比较研究[J]. 辽宁农业科学，2006(3)：41—44.

[210] 王建林，徐正进，马殿荣. 北方杂交稻与常规稻籽粒灌浆特性的比较[J]. 中国水稻科学，2004，18(5)：425—430.

[211] 王立柱. 浅谈影响稻米品质的主要因素[J]. 牡丹江师范学院学报，2004(4)：13—14.

[212] 王麒，王敬国，邹德堂. 水稻低直链淀粉含量的遗传研究[J]. 垦殖与稻作，2006(4)：3—5.

[213] 王术，秦志列，于建波，等. 沈阳地区高产水稻群体主要农艺性状对产量的影响[J]. 沈阳农业大学学报，2001，32 (4)：250—252.

[214] 王余龙，姚友礼，徐家宽，等. 稻穗不同部位籽粒的结实能力[J]. 作物学报，1995，21(1)：29—37.

[215] 王跃星，倪深，陈红旗，等. 稻米直链淀粉含量的低世代筛选方法研究[J]. 中国水稻科学，2010，24(1)：93—98.

[216] 吴春赞，叶定池，林华，等. 水稻产量构成因子与稻米品质性状关系的研究[J]. 江西农业学报，2006，18(2)：29—31.

[217] 吴钿. 水稻产量构成因素与植株特性的典型相关分析[J]. 广西农业生物科学，2001，20(4)：240—240.

[218] 吴殿星，舒小丽. 稻米蛋白质研究与利用[M]. 北京：中国农业出版社，2009.

[219] 吴殿星，舒小丽，吴伟. 稻米淀粉品质研究与利用[M]. 北京：中国农业出版社，2009.

[220] 吴渝生，李本逊，顾红波，等. 甜玉米品种稳定性的 AMMI 模型分析[J]. 华中农业大学学报，2003，22(1)：4—8.

[221] 吴长明，孙传清，付秀林，等. 稻米品质性状与产量性状及籼粳分化度的相互关系研究[J]. 作物学报，2003，29(6)：822—828.

[222] 吴自明，李辉婕，石庆华，等. 环境因子和栽培措施对稻米品质影响的

研究进展[J]. 农机化研究，2006，(7)：1—4.

[223] 伍时照，黄超武，欧烈才，等. 水稻籼型品种胚乳淀粉性状的扫描电镜观察[J]. 植物学报，1986(28)：145—149.

[224] 肖红. 辽宁水稻生产现状及发展思路[J]. 辽宁农业科学，2004(5)：25—27.

[225] 萧浪涛，李东晖，蔺万煌，等. 一种测定稻米垩白性状的客观方法[J]. 中国水稻科学，2001，15(3)：206—208.

[226] 谢光辉，杨建昌，王志琴，等. 水稻籽粒灌浆特性及其与籽粒生理活性的关系[J]. 作物学报，2001，27(5)：557—565.

[227] 谢咏枫，邹应斌. 杂交水稻空秕粒分布及"源""库"与结实性关系的研究[J]. 湖南农学院学报，1988，14 (2)：1—8.

[228] 星川清親. 米の胚乳発達に関する組織形態学的研究：第 2 報外国稲品種の胚乳の形状と細胞数について[J]. 日本作物学会記事，1968(37)：88—96.

[229] 星川清親. 解剖図説水稲の生長[M]. 社団法人農山漁村文化協会，1975 (1)：217—244，263—290.

[230] 熊振民，厉葆初. 世界水稻[M]. 中国水稻所(内部发行)，1989.

[231] 熊振民. 中国水稻[M]. 北京：中国农业科学技术出版社，1992：74—75.

[232] 徐大勇，朱庆森. 直立穗型粳稻品种农艺特性及育种研究进展[J]. 植物遗传资源学报，2003，4(4)：350 —354.

[233] 徐富贤，郑家奎，朱永川，等. 灌浆期气象因子对杂交中籼稻米碾磨品质和外观品质的影响[J]. 植物生态学报，2003，27(1)：73—77.

[234] 徐静斐，孙五成，程融，等. 数量遗传学与水稻育种[M]. 安徽科学技术出版社，1990.

[235] 徐秋生，李卓吾. 亚种间杂交稻谷粒灌浆特性与籽粒充实度的研究[J]. 杂交水稻，1994(2)：26—29.

[236] 徐仁胜，陶龙兴，俞美玉，等. 亚种间杂交水稻灌浆特性的调节及其对产量的影响[J]. 中国水稻科学，1997，11(2)：124—128.

[237] 徐云碧，申宗坦. 籼稻米粒垩白的遗传[J]. 浙江农业大学学报，1989，15(1)：8—13.

[238] 徐正进，陈温福，张文忠，等. 水稻的产量潜力与株型演变[J]. 沈阳农业大学学报，2000，31(6)：534—536.

[239] 徐正进，陈温福，周洪飞，等. 直立穗型水稻群体生理生态特性及其利用前景[J]. 科学通报，1998(6)：1122 —1126.

[240] 徐正进. 水稻品质性状的品种间差异及其与产量的关系研究[J]. 沈阳农业大学学报，1990，24(3)：217—223.

[241] 严长杰，田舜，张正球，等. 水稻栽培品种淀粉合成相关基因来源及其对品质的影响[J]. 中国农业科学，2005，39(5)：865—871.

[242] 严长杰，徐辰武，裔传灯，等．利用 SSR 标记定位水稻糊化温度的 QTLs[J]．遗传学报，2001，28(11)：1006—1011.

[243] 杨从党，周能，袁平荣，等．水稻结实率和若干生理因素品种间的差异及其相关分析[J]．中国水稻科学，1998，12(3)：144—148.

[244] 杨建昌，彭少兵，顾世梁，等．水稻灌浆期籽粒中 3 个与淀粉合成有关的酶活性变化[J]．作物学报，2001，27(2)：157—164.

[245] 杨建昌，苏宝林，王志琴，等．亚种间杂交稻籽粒灌浆特性及其生理的研究[J]．中国农业科学，1998，31(1)：7—14.

[246] 杨建昌，徐国伟，仇明，等．新株型水稻生育特性及产量形成特点的研究[J]．扬州大学学报：农业与生命科学版，2002，23(1)：45—50.

[247] 杨建昌，朱庆森，王志琴，等．亚优 2 号结实率与谷粒充实度的研究[J]，江苏农学院学报，1994，15(4)：14—18.

[248] 杨联松．谷粒形状与稻谷品质相关性研究[J]．杂交水稻，2001，16(4)：48—50.

[248] 杨仁催．稻米垩白直感遗传和杂交稻垩白米遗传分析[J]．福建农学院学报，1986，15(1)：51—54.

[250] 杨仁崔，杨惠杰．国际水稻所新株型稻研究进展[J]．杂交水稻，1998，13(5)：29—31.

[251] 杨守仁，张龙步，陈温福，等．水稻超高育种的理论和方法[J]．中国水稻科学，1996，10(2)：115—120.

[252] 杨涛，李加纳，唐章林，等．三种评价品种稳定性方法的比较[J]．贵州农业科学，2006，34(1)：28—31.

[253] 杨英春，任永泉，张振杰．辽宁省稻米品质现状的初步调查与分析[J]．垦殖与稻作，2004，(3)：57—59.

[254] 杨泽敏，孙金才，周竹青．灰色关联分析用于稻米品质综合评价的改进[J]．农业系统科学与综合研究，2004，20(4)：268—270.

[255] 杨占烈，余显权，黄宗洪．不同生态条件下影响稻米品质变化的气象因子研究[J]．种子，2006，25(7)：78—81.

[256] 杨振玉，高勇，赵迎春，等．水稻籼粳亚种间杂种优势利用研究进展[J]．作物学报，1996，22(4)：422—429.

[257] 杨政水．灰色米质指数及其在稻米质量评判中的应用[J]．农业工程学报，2005，21(10)：190—191.

[258] 姚惠源．稻米深加工[M]．北京：化学工业出版社，2004.

[259] 叶子弘，朱军．陆地棉开花成铃性状的遗传研究：Ⅲ 不同发育阶段的遗传规律[J]．遗传学报，2000，27(9)：800—809.

[260] 袁继超，丁志勇，俄胜哲，等．源库关系对水稻籽粒灌浆特性的影响[J]．西南农业学报，2005，18(1)：15—19.

[261] 袁隆平．杂交水稻超高产育种[J]．杂交水稻，1997(6)：1—6.

[262] 翟波，徐运启，傅丽霞. 品质不同的稻米胚乳细胞形态特征的扫描电镜观察[J]. 华中农业大学学报，1991，10(4)：404－408.

[263] 张爱红，徐辰武，莫惠栋. 籼－粳杂种稻米几个品质性状的遗传表达[J]. 作物学报，1999，25(4)：401－407.

[264] 张国发，王绍华，尤娟，等. 结实期不同时段高温对稻米品质的影响[J]. 作物学报，2006，32(2)：283－287.

[265] 张坚勇，万向元，肖应辉，等. 水稻品种食味品质性状稳定性分析[J]. 中国农业科学，2004，37(6)：788－794.

[266] 张坚勇，肖应辉，万向元，等. 水稻品种外观品质性状稳定性分析[J]. 作物学报，2004，30(6)：548－544.

[267] 张建军，李天，王勇. 引进国外水稻品种稻米品质性状的相关性研究[J]. 陕西农业科学，2006，(3)：18－21.

[268] 张俊国，曹炳晨，张龙步，等. 不同粳稻品种灌浆速率的研究[J]. 辽宁农业科学，1991(1)：21－26.

[269] 张名位，何慈信，彭仲明. 籼型黑米糊化温度和胶稠度的遗传效应研究[J]. 作物学报，2001，27(6)：869－874.

[270] 张明方，李志凌. 高等植物中与蔗糖代谢相关的酶[J]. 植物生理学通讯，2002，38(3)：289－295.

[271] 张文忠，徐正进，张龙步，等. 直立穗型水稻品种演进状况分析[J]. 沈阳农业大学学报，2002，33(3)：161－166.

[272] 张小明，石春海，富田桂. 粳稻米淀粉特性与食味间的相关性分析[J]. 中国水稻科学，2002，16(3)：157－161.

[273] 张小明，石春海，崛内九满，等. 粳稻穗部不同部位米粒直链淀粉含量的差异分析[J]. 作物学报，2002，28(1)：99－103.

[274] 张友胜，余铁桥，贺汉林，等.. 亚种间杂交稻籽粒结实性状与籽粒相对含水量的研究[J]. 湖南农业大学学报，1995，21(3)：213－217.

[275] 张玉烛，马国辉，朱德保. 栽培因素对食用优质稻垩白的影响[J]. 作物研究，1999(3)：9－13.

[276] 张泽，鲁成，向仲怀. 基于 AMMI 模型的品种稳定性分析[J]. 作物学报，1998，24(30)：304－300.

[277] 张祖建，朱庆森，曹显祖，等. 亚种间杂交稻籽粒充实度表现及其配合力[J]. 江苏农学院学报，1995，16(2)：5－9.

[278] 赵步洪，张文杰，杨建昌，等. 水稻灌浆期籽粒中淀粉合成关键酶的活性变化及其与灌浆速率和蒸煮品质的关系[J]. 中国农业科学，2004，37(8)：1123－1129.

[279] 赵步龙，董明辉，杨建昌，等. 杂交水稻不同粒位籽粒品质性状的差异[J]. 扬州大学学报：农业与生命科学版，2006，27(1)：38－42.

[280] 赵全志，吕强，殷春渊，等. 大穗型粳稻籽粒相对充实度的化学调控及

其与产量和品质的关系[J]. 作物学报, 2006, 32(10): 1485—1490.

[281] 赵式英. 稻米的垩白(综述)[J]. 国外农学—水稻, 1982(6): 43—46.

[282] 赵则胜, 赖来展, 郑金贵. 中国特种稻[M]. 上海: 上海科学技术出版社, 1995.

[283] 中国农业科学院主编. 中国稻作学[M]. 北京: 农业出版社, 1986: 27—42.

[284] 中国水稻研究所. 稻米品质及其理化分析[M]. 杭州: 中国水稻研究所, 1985: 1—173, 343—377.

[285] 钟连进, 程方民. 水稻籽粒鲜样品的直链淀粉含量测定方法[J]. 浙江大学学报(农业与生命科学版), 2002, 28(1): 33—36.

[286] 周广洽, 谭周兹. 关于稻米直链淀粉含量的研究[J]. 湖南农业科学, 1987(1): 12—16.

[287] 周广洽. 温敏核不育水稻的光温生态生理学[M]. 长沙: 湖南师范大学出版社, 1996.

[288] 周广洽. 杂交水稻生理生化研究的现状与展望[J]. 杂交水稻, 1994(3): 67—70.

[289] 周建林, 陈良碧, 周广洽. 亚种杂交稻充实动态及生理研究[J]. 杂交水稻, 1992(5): 36—40.

[290] 周开达, 马玉清, 刘太清, 等. 杂交水稻亚种间重穗型组合的选育—杂交水稻超高产育种的理论与实践[J]. 四川农业大学学报, 1995, 13(4): 403—407.

[291] 周清元, 安华, 张毅, 等. 水稻子粒形态性状遗传研究[J]. 西南农业大学学报, 2000, 22(2): 102—104.

[292] 周善滋, 廖瑞靖. 两系杂交稻籽粒充实度细胞学观察[J]. 杂交水稻, 1993(1): 34—36.

[293] 周新桥, 邹东生. 稻米垩白综述[J]. 作物研究, 2001(3): 52—58.

[294] 朱军. 遗传模型分析方法[M]. 北京: 中国农业出版社, 1997: 163—174.

[295] 朱军. 数量性状遗传分析的新方法及其在育种中的应用[J]. 浙江大学学报: 农业与生命科学版, 2000, 26(1): 1—6.

[296] 朱碧岩, 贾志宽. 水稻品质性状遗传参数的分析[J]. 西北农业大学学报, 1990, 18(3): 69—73.

[297] 朱海江, 程方民, 王丰, 等. 两种穗型粳稻穗内粒间直链淀粉含量变异与粒位分布特征[J]. 中国水稻科学, 2004, 18(4): 321—325.

[298] 朱庆森, 曹显祖, 骆亦其, 等. 水稻籽粒灌浆的生长分析[J]. 作物学报, 1988, 14(3): 182—192.

[299] 朱庆森, 曹显祖, 杨建昌, 等. 亚种间杂交稻的源库特征与提高籽粒充实度的栽培途径[G]//两系法杂交稻及其应用技术教程, 1996: 165—179.

[300] 朱庆森, 王志琴, 张祖建, 等. 水稻籽粒充实度的指标研究[J]. 江苏农

学院学报，1995，16(2)：1—4.

[301] 朱智伟，程式华. 稻米品质的研究进展[J]. 世界农业，1999(3)：19—21.

[302] 朱智伟. 当前我国稻米品质状况分析[J]. 中国稻米，2006(1)：1—4.

[303] 竹生新治郎，石谷孝佑，大坪研一. 米の科学[M]. 朝倉書店，1995：13—77.

[304] 左清凡，宋宇，张冬玲，等，水稻稻穗灌浆生长的基因效应全程分析[J]. 作物学报，2005，31(7):：821—826.

[305] 左清凡，谢平，宋宇，等，水稻籽粒不同发育时期灌浆速率的遗传及其与环境互作的分析[J]. 中国农业科学，2002，35(5)：465—470.

[306] 佐藤 光，大村 武. 化学物質によって誘起されたイネの胚乳突然変異[J]. 育種学雑誌，1981，31：316—326.